AF453335

L'ART

DE LA

VIGNE.

L'ART

DE LA VIGNE,

CONTENANT une nouvelle Méthode économique de cultiver la Vigne.

Avec les Expériences qui en ont été faites, & l'Approbation de l'Académie royale des Sciences de Paris.

Par M. MAUPIN, Auteur de l'Art des VINS.

A PARIS,

Chez MUSIER, Libraire, rue du Foin-S.-Jacques.

M. DCC. LXXIX.

Avec Approbation, & Permission.

AVIS DE L'AUTEUR.

Exalter ses talents, c'est se louer, & je sçais qu'il est très-dangereux de se louer ; mais on verra que j'y suis forcé , & c'est pourquoi, puisqu'il le faut , je ne craindrai point de dire que mes découvertes sont de grandes découvertes, qu'il n'y en a aucune qui, pour l'utilité, puisse leur être comparée , & que j'ai rendu , quand on le voudra, le plus grand service , & le service le plus perpétuel qu'il soit possible à un simple Citoyen de rendre à son pays & à toute l'humanité.

Je ne m'en tiens pas à le dire , je l'affirme. Il s'en faut bien que je me flatte d'avoir, comme on dit , dans ma manche, toutes les Académies , les Sociétés d'Agriculture , & MM. les Journalistes ; & cependant j'ose mettre en avant qu'aucun de ces Corps ne démentira publiquement l'assertion que je viens d'avancer.

Je vais plus loin encore , je les prie , & en particulier , MM. les Journalistes , ceux qui pourroient être le moins bien disposés pour moi , comme ceux qui le sont le plus , de vouloir bien parler d'une maniere positive , pour ou contre mes découvertes ; je veux dire , pour ou contre leur folidité, leur efficacité & leur utilité . Toute la grace que je leur demande , c'eft de me permettre de me défendre dans le même champ où ils m'auroient attaqué.

Si on me demande maintenant ce qui peut me porter à montrer tant de confiance , & à prendre une voie auffi extraordinaire ; le voici :

C'eft qu'il y a près de vingt ans que j'ai trouvé l'art de cultiver la Vigne, *à beaucoup moins de frais*, & d'en augmenter confidérablement le rapport, & que cet art fi néceffaire eft demeuré inutile.

C'eft que j'ai trouvé l'art d'améliorer, & furtout de conferver la plus précieufe de nos récoltes dans les années où, comme celle-ci, il eft le plus difficile de la conferver , & que fur peut-être un million d'hommes qui pourroient en faire ufage & en profiter, il n'y en a pas plus de trois ou quatre mille qui en profitent.

C'eft enfin que j'ai trouvé, il y a plus de douze ans , un moyen fûr, facile & fupérieurement économique pour multiplier & tiercer au moins la quantité des grains, des troupeaux, des beftiaux, & de toutes les productions de toute efpece ; & que ce moyen , fi propre à enrichir l'Etat, à diminuer les dépenfes les plus néceffaires du Souverain, à foulager les peuples , à prévenir la faim

& les difettes, eft totalement refté dans l'oubli, malgré les efforts que j'ai faits pour l'en retirer, en le publiant de nouveau dans la feule Richeffe du Peuple , ou *moyen de faire baiffer le prix de toutes les fubfiftances.*

Voilà les motifs de ma réclamation : je fuis Auteur & Citoyen , & en cette double qualité , il ne m'eft pas permis de fupporter plus long-temps l'obfcurité abfolue ou relative de mes découvertes , ni de voir de fang froid & dans l'inaction., toutes les pertes nationales que caufe leur non-ufage.

Je ne calculerai point ici ces pertes ; mais j'oferai dire que depuis dix ans , elles montent à plufieurs milliards, ou mes découvertes ne feroient qu'une chimere.

Mais on ne dira sûrement pas que ma nouvelle méthode de cultiver la Vigne n'eft qu'une chimere, le contraire eft trop bien prouvé.

On dira encore moins que l'art des Vins en foit une.

Il n'y auroit donc que le fyftême de la feule Richeffe du Peuple , ou plutôt le plan que j'y ai expofé, fur lequel on pourroit élever des doutes , ou fi l'on veut, des difficultés ; mais je me flatte que quand il fera queftion , non pas de parler , mais d'écrire , on voudra bien y regarder à deux fois (a). On ne pourroit attaquer ce plan fans renverfer en même temps les principes les plus connus & les plus fondamentaux de l'Agriculture ; & des hommes auffi éclairés que fages ne l'entreprendront fûrement pas. Loin de cela, j'efpere qu'animés du bien public, comme ils le font, ils voudront bien déformais joindre publiquement leurs efforts aux miens pour faire triompher les vrais principes & détruire les abus qui y font contraires.

Mais, pourroit-on me dire, fi vos découvertes font réelles & d'une auffi grande importance, comment fe peut-il que depuis fi long-temps que

---

(a) Il m'eft revenu que quelques perfonnes prétendoient que la bonne culture & les fumiers ne pourroient pas doubler le rapport des terres ; fi ces perfonnes entendent parler des terres communes ou mal tenues, c'eft-à-dire, de *la beaucoup plus grande partie de nos terres*, la propofition feule eft révoltante.

D'autres prétendent qu'il y a des terres qu'il feroit dangereux de trop fumer, mais ce fentiment eft faux & *démontré faux*, au moins à l'égard de toutes les terres qui rapportent moins que dix ou douze feptiers par arpent, & à plus forte raifon, à l'égard de celles qui rapportent beaucoup moins, comme 4, 5, ou 6 feptiers : je fuis prêt à citer mes preuves quand on me les demandera.

vous les avez publiées, elles foient encore incultes, & qu'elles ayent fait fi peu de fenfation ?
Il y en a plufieurs caufes, & je n'en expoferai
aucune : je les dirai quand il le faudra, mais
ceci n'eft qu'un avis, & je voudrois, s'il étoit
poffible, ne bleffer ni n'inculper perfonne, à moins
que je n'y fuffe abfolument forcé ; mais je peux
dire que l'indocilité des cultivateurs n'eft point
une de ces caufes, car ni eux, ni d'autres n'ont
été mis en demeure ; & ce n'eft que parce qu'ils
n'y ont pas été mis, que je prends le parti d'adref-
fer ma fupplique aux Corps Académiques & aux
hommes de Lettres qui peuvent les difpofer, leur
notifier & leur faire goûter mes découvertes.

La plus ancienne eft ma méthode de cultiver
la Vigne. Je l'ai publiée au commencement de
1763 ; & dès la fin de 1763, je l'avois perfectionnée dans un point très-important ; mais, par
la plus étrange fatalité, depuis ce temps jufqu'à préfent, je n'avois pu en donner une nouvelle édition.

Celle que je donne aujourd'hui eft beaucoup
plus parfaite & plus étendue que la premiere. Elle eft pourtant beaucoup moins volumi-
neufe que celle que j'avois propofée dans la premiere leçon du Cours de Chymie. Mon deffein
étoit alors d'approfondir la culture d'une grande
partie des Vignobles, d'en montrer les vices, d'al-

ler au devant d'une grande partie des objections, &
de discuter successivement celles qui auroient pu
m'être adressées ; mais la forme que j'avois adop-
tée ne m'ayant pas paru goûtée du public, j'y ai
renoncé, & j'en suis revenu à l'Ouvrage que
j'avois composé plus d'une année auparavant, c'est
celui que je donne. J'y approfondis les parties principales de la culture de la Vigne, & je me suis
borné en quelque sorte à jetter un coup d'œil
sur les autres parties moins importantes ou plus
simples, de maniere pourtant, qu'en réunissant
le tout, la culture ait toute la perfection qu'elle
peut avoir : on en jugera par l'Ouvrage même.

J'y ai traité à fond de la taille de la Vigne, j'en ai établi tous les principes ; mais
ces principes, n'étant qu'un assemblage de rai-
sonnemens & de combinaisons, ils deman-
dent à être médités avec la plus sérieuse attention ; cela est d'autant plus nécessaire, que
la plantation & l'opération de l'écartement une
fois faites, le sort de la Vigne dépend presque
uniquement de l'industrie & de l'économie de
la taille.

Avant de terminer cet article, je crois devoir remarquer que la nouvelle méthode dont
il s'agit ici, pourroit, tant en économie de
frais de culture, qu'en augmentation de rapport,

produire aux pays de Vignobles , & à l'Etat,
de foixante à cent millions de bénéfice par année : on peut choifir , mais on ne niera pas.

Je donnerai le Cours complet de Chymie
économique - Pratique , fur la manipulation
& la fermentation des Vins , tel que je l'ai
annoncé dans la premiere leçon que j'ai donnée , & dans le Profpectus que j'ai publié
depuis. Comme l'Ouvrage fera affez volumi-
neux , je l'ai propofé par foufcription , moyen-
nant neuf livres , chez Mufier , Libraire ; je le
publierai au mois de Juillet de l'année prochaine ;
j'y donnerai la defcription de la nouvelle fou-
loire que j'avois annoncée dans ma premiere
leçon , & que j'ai éprouvée cette année , fans
le moindre inconvénient & avec les plus grands
avantages.

J'obferverai, à l'occafion de cet Ouvrage, qu'une
des principales propriétés de mes procédés pour
la façon des Vins , & qui, d'ailleurs a été ju-
ridiquement conftatée , eft de faire , ou plutôt
ou plus tard , de bons Vins avec les plus mauvais raifins , les raifins les plus verds & au
furplus de prolonger beaucoup la durée de tous
les vins , de les rendre plus falubres & infiniment plus commerçables ; cela eft attefté
dans tous les Vignobles, & il y a dans un Royaume

comme la France, trois, quatre ou cinq mille perfonnes au plus, qui font ufage de ces procédés !

Par le même Profpectus dont j'ai déja parlé, j'ai propofé par foufcription la feule Richeffe du Peuple, avec un nouveau Plan de culture pour les grains, & des additions très-confidérables : le prix de la foufcription eft de fix livres, & on foufcrit chez Mufier.

J'avois annoncé cet Ouvrage pour le mois de Mars prochain ; mais j'ai déclaré en même tems que je ne le donnerois que fur le vœu exprès des Corps Municipaux, ou plutôt de toutes les Provinces, & j'en ai expofé les raifons.

Il m'a été dit qu'il s'étoit préfenté quelques perfonnes à deffein de foufcrire, & qu'elles s'étoient retirées fort mécontentes de ce qu'on n'avoit pas voulu prendre leur argent : j'en fuis affurément auffi mécontent qu'elles ; mais fi elles veulent bien y regarder de près, elles verront que ce n'eft pas ma faute, & qu'il eft néceffaire que la condition foit remplie avant qu'on puiffe recevoir leur foufcription.

Alors je publierai mon nouveau Plan pour toutes les terres à grain en général, mais particuliérement pour les terres mauvaifes & les médiocres.

Ce Plan est tout aussi simple , tout aussi commode & encore plus économique que celui que j'ai déja publié dans la premiere édition de la seule Richesse du Peuple (a).

Dans ce premier Plan , avec le double d'engrais , & généralement un labour de plus , un arpent de terre produiroit autant que deux dans la maniere ordinaire ; ainsi , économie d'un arpent sur deux , économie des labours , & économie d'un septier ou environ de semence sur deux. Ces avantages en grand peuvent à peine se calculer.

Cependant ils sont plus grands encore dans le nouveau Plan. Plus grande économie sur l'emploi des terres , plus grande économie sur les labours , & en outre économie sur l'autre Plan , *de la moitié des fumiers* ; ensorte qu'avec la même quantité d'engrais qu'on emploie actuellement pour fumer un arpent des terres dont est question , on recueilleroit le double de ce qu'on y recueille présentement, c'est-à-dire , six septiers au lieu de trois ; huit au lieu de quatre , & même dix au lieu de cinq.

J'ose demander après cela , s'il est quelques

(a) Qui se trouve chez Musier , Libraire , rue du Foin, & Gobreau , Libraire , Quai des Augustins , près la rue Gît-le-cœur.

découvertes qui puissent être comparées aux miennes.

J'avoue que cette découverte doit paroître incroyable , mais pourtant elle est certaine. Je la garantis , & depuis vingt ans que j'écris , on ne m'a jamais démenti sur aucun fait.

Quelque chose , à mon avis , de plus incroyable encore que cette découverte , & que les succès sur la foi desquels je la garantis, ce seroit que j'eusse annoncé dans mon Prospectus un phénomene aussi extraordinaire , & apparemment le plus intéressant pour toute l'humanité, & qu'à l'exception peut-être d'un très-petit nombre de personnes , il n'en eût pas été plus fait mention, ni plus parlé que si j'avois annoncé que j'ai bien ou mal passé la nuit. Un pareil silence dans des temps où tous les papiers publics , où toutes les bouches ne parlent que de bienfaisance , que d'humanité, que d'établis-femens , & de vues populaires , un pareil si-lence , dis-je , sur le systême le plus bienfaisant & le plus populaire , ne paroîtroit pas possible, & pourtant il l'est.

Au reste , quelque droit que semblent me donner à la confiance publique , les succès multipliés que j'ai eus dans d'autres parties , on va voir que je suis bien loin de prétendre en abuser.

J'ai avancé dans mon Profpectus, qu'on pouvoit fertilifer les plus mauvaifes terres , celles même de la Champagne pouilleufe , & qu'on pouvoit , *à moins de frais qu'à préfent , dans les terres cultivées à la maniere ordinaire , faire venir*, dans ces mauvaifes terres , d'auffi beau bled que dans la plaine de Louvres. Tout le monde , je crois , conviendra que ce ne feroit pas un petit avantage.

J'ai été plus loin , & j'ai témoigné que je ne demandois pas mieux que d'en faire la preuve. Je l'offre encore , & je fuis prêt , quand il plaira au Gouvernement, à prouver fous fes yeux & ceux de tout Paris , la vérité de tout ce que j'ai avancé. S'il eft poffible de faire plus , qu'on me le dife ; & puifqu'il s'agit ici des plus grands intérêts publics , je confens à le faire.

Les perfonnes qui défireroient avoir une connoiffance plus particuliere de mon Profpectus , peuvent le demander chez J. B. G. MUSIER, Libraire , rue du Foin Saint-Jacques , qui le leur donnera.

MM. les Soufcripteurs pour l'Art de la Vigne, font priés de vouloir bien faire retirer leurs Exemplaires chez le même Libraire.

Fautes à corriger.

PAGE 40 , lig. 3 , *lisez*, ou même l'année d'après , *au lieu de*, ou même de l'année d'après.

Pag. 46 , lig. 11 , *lisez*, lorsque la végétation se renouvelle , *au lieu de*, la végétation se renouvelle.

Pag. 47 , lig. 3 , *lisez*, dans tous les autres , *au lieu de*, dans toutes les autres.

Pag. 50 , lig. 15 , *lisez*, les deux autres rangs seront aussi posés & étendus de maniere.

Pag. 58 , deuxieme lig. du quatrieme Chap. *lisez*, celui qui se leve , *& non*, celui qui s'éleve.

DISCOURS

DISCOURS
PRÉLIMINAIRE.

A l'exception de plufieurs pays de Vignobles, que les circonftances feules paroiffent avoir déterminés en faveur de l'écartement des ceps, dans tous les autres la Vigne eft très-ferrée , & les ceps fort proches.

La diftance varie pourtant fuivant les lieux ; mais cette variété n'eft que dans le plus ou le moins de proximité, & rentre toujours dans l'ordre du rapprochement des ceps.

Qu'on parcoure les trois quarts & demi des Vignobles du Royaume, on y verra que par-tout en général , les pieds de Vignes font près-à-près, un peu plus , un peu moins ; enforte que relativement à la diftribution des Vignes, le rapprochement des ceps eft devenu en France la regle générale de tous les pays de Vignobles. Ce ne font pas feulement les Vignerons qui la fuivent, ou les hommes peu inftruits , ce font ceux mêmes qui le font le plus.

En vain quelques particuliers , & même

A 2

des Sçavans ont-ils fait des efforts pour s'y fouftraire, en mettant un plus grand efpacement dans leurs Vignes; leurs efforts n'ont fervi, par leur peu de fuccès, qu'à confirmer davantage la loi commune, dont ils vouloient s'affranchir, & à en démontrer, ce femble, la fageffe & la folidité; auffi quelques-uns de ces Sçavans, loin d'être les détracteurs de l'ufage qu'ils avoient voulu abandonner, en font-ils devenus, au moins fuivant ce qui m'a été rapporté dans le temps, les apologiftes & les zélés défenfeurs.

Rien donc, à en juger par l'ufage général & les impuiffantes épreuves dont je viens de faire mention, rien de plus fûr, de mieux vu, & de plus avantageux que le rapprochement des ceps, tout dépofe en fa faveur; & cependant, dans le vrai, rien de moins bien démontré, ou pour mieux dire, rien de moins bien vu & de plus préjudiciable que cet ufage.

Il eft abufif dans tous les points, il ruine les Cultivateurs en avances fuperflues, & diminue confidérablement leurs récoltes; il appauvrit toutes les autres parties de l'agriculture par les fumiers qu'il exige, & qu'en écartant la Vigne on pourroit fupprimer à cette derniere au grand avantage des moiffons.

Quelque vrai que foit tout ce que je viens d'annoncer, on aura peine, fans doute, à le croire ; mais pourtant on ne peut le nier fans attaquer les principes & les faits, & particuliérement l'expérience faite pendant neuf années confécutives, par un Magiftrat, dont fûrement le témoignage ne peut être fufpect.

Mais, me dira-t-on, peut-être, car que ne dit-on pas ? s'il eft vrai que vous ayez réuffi, pourquoi tant d'autres, & notamment M. D.... qui ont fait la tentative avant vous, n'ont-ils pas réuffi comme vous ? En voici la raifon, c'eft que M. D.... & tous les autres ont pris un chemin & que j'en ai pris un autre. C'eft que tous ces Sçavans ou Agronômes ont fçu tout au plus écarter, & que non-feulement j'ai fçu écarter & combiner mon écartement (ce que M. D.... entr'autres, n'avoit pas fçu) mais encore que j'ai fçu le conduire ; c'eft que mes connoiffances ne fe bornent pas feulement à écarter la Vigne, & à la bien écarter, mais à la bien gouverner dans tous les points, & furtout à la bien tailler relativement à l'écartement, comme à toutes les autres circonftances.

Si je n'avois fçu qu'écarter, & même

bien écarter , ce qui pourtant auroit été
une découverte, j'aurois fort bien pu ne pas
réuffir ; mais comme fans fçavoir, il y a 20
ans , tout ce que j'ai appris depuis , j'en
fçavois dès-lors affez pour n'avoir pas be-
foin du confeil de mon voifin, encore plus
ignorant que moi , l'écartement m'a réuffi,
& fur mes Vignes , & fur celles du Magiftrat dont j'ai parlé. Il m'a beaucoup plus
réuffi dans cette feconde expérience que
dans la premiere, parce que dans celle-là,
l'opération de l'écartement a été beaucoup mieux exécutée que dans l'autre.

Cette feconde expérience , comme on
le verra, a eu un très-grand fuccès , puifque fans fumiers , fans provins , & avec
les deux tiers moins de ceps , la Vigne
a donné un cinquieme de plus ; ce fuccès auroit été encore plus complet , fi
toutes les opérations de la culture avoient
été mieux exécutées.

Il faut pourtant avouer que dans les
premieres années, la Vigne a été bien
taillée d'après les principes que j'en avois
donnés aux Vignerons , & que même ils
ont continué , par la fuite , de la tailler de
la même maniere.

Je dois dire encore que cette maniere
eft la plus avantageufe , & celle qui con-

vient le mieux à l'écartement ; mais comme ces Vignerons l'ont appliqué à tort & à travers , fans la combiner avec la force & l'état *actuel* de leur Vigne, & qu'ainfi que je m'en fuis convaincu à la fin de 1772, c'eft-à-dire , au bout de neuf années , ils avoient chargé un très-grand nombre de ceps de beaucoup plus de tailles qu'ils n'en devoient porter , ils ont énervé la Vigne, & en ont diminué le produit , tant par cette faute , que par celles qu'ils n'auront pas , fans doute , manqué de faire dans les autres parties de la culture.

Car quelqu'important & quelque favorable que foit l'écartement , il feroit ridicule de penfer qu'il ne faut que lui pour réuffir : il eft néceffaire , fans doute , & très-néceffaire ; mais toutes les autres opérations le font auffi, & la maniere de tailler l'eft au moins autant , autrement ce ne feroit pas la peine de faire un livre, il n'y auroit qu'un mot à dire : ÉCARTEZ , & ce mot, comme on voit , ne demande pas un volume.

Je fens bien , moi , qu'à s'en tenir même à l'écartement , ce mot ne fuffiroit pas, & qu'on pourroit me répondre, ce n'eft pas affez de nous dire d'écarter , il faut encore nous apprendre comment, & dans quelle

proportion il faut écarter, de quelle maniere il faut s'y prendre pour procéder à
cet écartement dans les Vignes qui font
toutes faites, & comment il faut planter les Vignes qui font à faire ? je fens
encore qu'on pourroit me demander tous
les autres documents que je donne, fi je ne
les donnois pas ; mais en les donnant, je
doute fort, & mon doute n'eft que trop
fondé, que le Public s'apperçût que je les
lui donne, fi je ne l'en avertiſſois. Il ne
verroit qu'un écartement quelconque, fans
même en remarquer la combinaifon, & à
plus forte raifon, tout le refte.

Il en arriveroit comme des raifins bouillants ; nombre de perfonnes femblent ne
voir que cela dans l'art de faire le vin, &
tout ce qui n'eft pas cela, leur échappe.

En vain ai-je confacré plus de vingt
années à faire les plus profondes recherches
fur toutes les parties de l'Art, à en dé-
couvrir les principes, à en fixer & per-
fectionner la pratique : on ne voit en général que les raifins bouillans, comme fi
la perfection du foulage, celle de la fermentation, l'art de conduire cette fermentation, l'art de tirer deux vins des
mêmes raifins, l'indication jufte & fi difficile du tirage, ou décuvage des vins, &

tant d'autres opérations étoient indifféren-
tes , & que les raifins bouillants fuffent
tout ; tandis qu'il eft tant d'autres parties
non moins effentielles , & quelques-unes
même qui le font plus.

Ces réflexions n'empêchent point au
refte qu'on ne doive regarder l'écartement
ou l'efpacement des ceps comme une des
principales parties, & même comme la partie fondamentale de mon nouveau fyftême fur la culture de la Vigne ; c'eft même
à l'écartement feul qu'il faut rapporter tous
les avantages économiques de cette culture ; fans lui il ne pourroit y avoir économie , ni fur les échalas , ni fur les fumiers , ni fur la main-d'œuvre ; fans lui,
à la faveur de l'économie de la taille , la
Vigne pourroit rapporter plus , & durer
plus long-temps qu'à préfent, mais elle rap-
porteroit & dureroit encore moins qu'en
réuniffant l'écartement à la taille.

Sans lui enfin , l'agriculture ne pourroit profiter des engrais fupprimés à la
Vigne, ni donner en nature ou valeur , un
à deux millions de fepriers de grains dont
l'agriculture pourroit augmenter chaque
année par la fuppreffion d'engrais dont je
viens de parler.

On me dira peut-être, à cette occafion,

que toutes les Vignes ne font pas fumées, du moins tous les ans, je le crois ; mais fi elles l'étoient toutes, au lieu d'un à deux millions de feptiers de grains, j'en compterois hardiment le double, & encore plus, fi elles l'étoient comme elles le font dans beaucoup de Vignobles que je connois.

Ce qu'il y a de certain, c'eft que partout la Vigne confomme beaucoup d'engrais de toute efpece, & que fi les trois quarts ou les deux tiers de ces engrais étoient portés fur les terres, ils en augmenteroient bien fûrement la fertilité.

Ce qu'il y a d'également certain, c'eft qu'il feroit bien à défirer que, fans diminuer le falaire du pauvre Vigneron pour les travaux annuels & néceffaires, on pût (& on le pourra par ma méthode) faciliter la main-d'œuvre, & la rendre moins longue & moins pénible qu'elle n'eft ; ce feroit un moyen de remettre les chofes dans l'ordre, & de foulager le malheureux Cultivateur de la Vigne, dont les fueurs aujourd'hui ne font payées nulle part en proportion de fes peines.

Par ce moyen, le Propriétaire de la Vigne feroit juftice à l'homme qui la cultive ; & fans qu'il lui en coutât rien, s'acquitteroit d'une dette que femble aujourd'hui lui impoſer l'humanité , & que lui impoſeroit alors l'équité ; car aſſurément c'en eſt une que le Manouvrier , que le Cultivateur participe au bénéfice de la culture , & ici le bénéfice ſeroit conſidérable , au moyen de l'écartement , qui , comme on vient de le voir , eſt la baſe de tous les avantages économiques de ma méthode.

Dans cette méthode il y aura beaucoup moins de pieds de Vignes qu'il n'y en a aujourd'hui , & par conſéquent beaucoup moins d'échalas. J'eſtime, qu'à prendre toutes les Vignes , les unes dans les autres , il en faudra un tiers moins. On économiſera encore les trois quarts , ou au moins les deux tiers des engrais , & environ un cinquieme en main - d'œuvre , parce que la culture ſera beaucoup plus facile , & qu'il n'y aura point à provigner , ou que très-peu. On verra même que je ne le conſeille point ; mais bien de replanter dans les places vuides , ce qu'on aura rarement occaſion de faire.

La Vigne en général produira au moins un grand quart de plus ; il eſt beaucoup de Vignes , & à la vérité ce ne ſont pas les meilleures , qui produiront le double. Il s'en faut bien que l'opération de l'écartement ait été exécuté parfaitement dans mes Vignes , & cependant il y en a eu quelques-unes qui, eu égard aux circonstances des années , m'ont donné une fois autant qu'auparavant l'opération.

Les Vignes qui sont actuellement peu fumées, sont celles qui, par proportion, rapporteront le plus , parce qu'elles sont à présent celles qui rapportent le moins ; ainsi , par rapport à ces Vignes , ce qu'on gagnera de moins par l'économie des fumiers, on le gagnera de plus par l'augmentation du rapport.

On verra dans l'expérience de M. de Fourqueux, que la partie de Vigne, éclaircie suivant mes principes , a constamment rapporté , *sans fumier* , un cinquieme de plus que n'a rapporté l'autre partie en comparaison, quoiqu'elle fût fumée, & que les ceps fuffent plus qu'au double , & peut-être même au triple.

Mais est-il certain que l'écartement qui m'a si bien réussi & à M. de Fourqueux, réussira également par-tout ? Est-il certain qu'il aura le même succès dans toutes les terres & dans tous les lieux ?

Cette question , est à peu-près aussi raisonnable que si on demandoit : le fumier qui fertilise les terres en tel pays, fertilise-t-il auſſi les terres en tel autre ? Le bon ſens & l'expérience s'élevent également contre l'une & contre l'autre de ces deux queſtions.

On me diſpenſera ſans doute de répondre à la ſeconde. Quant à la premiere, le bon ſens veut que par-tout où les ceps ſeront plus écartés, ils rapportent plus que s'ils ne l'étoient pas. J'ai honte de citer ſur une difficulté auſſi puérile, la déciſion de l'Académie Royale des Sciences ; mais la matiere eſt importante, & il eſt des hommes ſur qui l'autorité peut beaucoup plus que la raiſon. Ce ſont principalement ces hommes que je renvoie à l'Approbation que m'a donnée l'Académie le neuf Août 1763 (a).

Mais ce n'eſt pas ſeulement la raiſon & l'Académie qui s'élevent contre la queſtion que je diſcute, c'eſt encore l'expérience & l'expérience univerſelle. Qu'on parcoure toutes les terres & tous les pays, & par-tout on verra que les ceps iſolés, les ceps écartés, les ceps en treilles, ou en eſpaliers, de *quelque nature & eſpece qu'ils ſoient*, rapportent dix & vingt fois plus

____

(a) Voyez à la fin de l'Ouvrage.

que dans nos Vignes, où ils font les uns fur les autres.

Ces faits, font fous les yeux de tout le monde, ainfi nul doute que dans toutes les terres & dans tous les pays, les ceps écartés ne donnent & ne rapportent plus que ceux qui ne le font pas, & par conféquent nul doute que les ceps qui, dans ma métho-de, font à quatre pieds fur deux, ne doivent rapporter & ne rapportent en effet plus que tous ceux qui font à de moindres diftances. Il y auroit de l'abfurdité à avoir fur cela le moindre doute ; auffi pour tous les hommes fenfés, n'eft-ce pas-là le point de difficulté.

Le point de difficulté n'eft pas de fçavoir fi un cep à 4 pieds d'un autre rapporte plus qu'un cep qui ne feroit qu'à un ou à deux ; mais s'il rapporte autant, & même plus que ne rapporteroient enfemble les trois ou quatre ceps dont il occupe la place ; car, quoiqu'il foit certain, ainfi que l'a reconnu l'Académie, que les ceps écartés donnent plus que ceux qui ne le font pas, il n'en eft pas moins vrai qu'une Vigne dont les pieds font fort efpacés, comme ils le font en Provence, & dans quelques autres cantons où ils le font moins, peut donner moins qu'une autre

Vigne dont les pieds feroient beaucoup plus ferrés ; & c'eft pourquoi j'ai dit plus haut que ce n'étoit point affez d'écarter , mais qu'il falloit encore bien écarter , c'eft-à-dire , écarter dans une jufte proportion , dans une proportion moyenne, également éloignée des deux extrêmes , la proximité & le trop grand écartement ; autrement, en voulant éviter un excès , on tomberoit dans un autre : c'eft pour n'y pas tomber moi-même que, d'après ma propre expérience , j'ai modifié ma premiere méthode , & qu'au lieu d'écarter les ceps à quatre pieds en tous fens, comme je l'avois enfeigné au commencement de 1763 , je confeille aujourd'hui, dans le premier Chapitre , de ne les mettre qu'à quatre pieds d'un fens , & à deux de l'autre , ainfi qu'ils ont été mis dans l'expérience de M. de Fourqueux. On évite par-là un trop grand vuide , & dès la premiere année de l'opération, la Vigne , comme dans l'expérience de M. de Fourqueux , rapporte beaucoup plus qu'auparavant. (*a*)

Au moyen de cette modification, comme de la proportion de l'écartement , il n'y aura point d'interruption dans la jouif-

---

(*a*) Voyez le deuxieme Chapitre.

fance , & les Vignes écartées produiront conftamment beaucoup plus qu'en demeurant épaiffes & ferrées , comme elles le font. J'ai rapporté les preuves de ces deux vérités ou affertions dans le premier Chapitre.

On y verra que dès 1763 , c'eft-à-dire , dès la feconde année de mon opération , que je n'avois pas exécutée , à beaucoup près , auffi bien que chez M. de Fourqueux, mes Vignes m'ont rapporté plus qu'elles ne me rapportoient avant cette opération.

C'eft dans cette même année 1763 , au mois d'Octobre , que M. de Fourqueux fe détermina à l'expérience dont j'ai déja parlé. On ne tardera pas à en voir les détails ; mais je dois dire ici que ce Magiftrat , voulant s'affurer au jufte de la fupériorité de ma méthode fur la méthode ordinaire , fit partager en deux parties égales une piece de Vigne toute faite , de 104 perches , fituée dans fon parc. Une moitié fut éclaircie , fuivant mes principes ; l'autre , ne le fut pas , & on continua de la cultiver à la maniere ordinaire pour fervir de terme de comparaifon.

En 1772 , au mois de Décembre , c'eft-à-dire , au bout de neuf années, M. de Fourqueux de Fourqueux m'écrivit que cette même année, fa vigne en expérience, avoit été de la plus grande beauté ; que fes Habitants, avoient été la voir comme une curiofité, & que, quoiqu'elle n'eût point été fumée, ni provignée depuis l'opération, elle avoit conftamment rapporté, année l'une dans l'autre, un cinquieme de plus que l'autre partie de Vigne en comparaifon, quoique cette partie eût été affez réguliérement fumée & provignée, de deux années l'une, & qu'elle portât trois ou quatre fois plus de ceps (a).

Il eft donc vrai, d'après ces expériences, & fur-tout la derniere, que même fans fumier, les Vignes écartées à ma maniere, rapportent plus que celles qui ne le font pas, & par conféquent qu'un cep & tous les ceps écartés dans la diftance moyenne que j'indique, peuvent rapporter chacun autant que les trois ou quatre ceps dont ils occupent la place.

Ainfi la feule difficulté raifonnable qu'on pouvoir me faire, ne fubfifte plus, & eft abfolument réfolue par l'expérience,

---

(a) Voyez cette Lettre à la fin de l'Ouvrage.

B

à l'avantage de mon nouveau fyftême de culture.

D'un côté, nul doute que dans toutes les terres & par-tout, les ceps ne rapportent à proportion de leur écartement : le bon fens, l'expérience·, & les Sçavans le décident ainfi.

D'un autre côté, nul doute encore fur la jufte application que j'ai faite de ce principe, & que dans la combinaifon de mon écartement, chaque cep ne produife par-tout autant & plus que les deux, trois ou quatre qu'il repréfente. Cette vérité eft prouvée par des fuccès trop certains & trop multipliés pour qu'il foit poffible de l'attaquer, à moins d'attaquer la vérité même de ces fuccès.

Mais à l'égard de ceux qui me font perfonnels, non-feulement j'en ai rendu compte dans le temps à l'Académie, dont je rapporte l'Approbation, mais encore au Miniftre de l'Agriculture; ce que je n'aurois fûrement pas fait fi j'avois pu redouter la vérification.

Je ne dirai pas pourquoi cette vérification que j'avois démandée n'a pas été faite ; tout ce que je puis dire, c'eft que je n'aurois fûrement pas cherché à attirer

l'attention du Miniſtre ſur mes èxpérien-
ces , ſi le ſuccès n'en avoit pas été bien
certain.

Il eſt encore vrai qu'en 1764 , avant
que j'euſſe gâté mes Vignes, il eſt venu exprès , de dix lieues , des perſonnes pour les
voir , & qu'elles les ont vues avec ad-
miration ; mes ſuccès ne peuvent donc
être équivoques, ceux de M. de Fourqueux
doivent l'être encore moins.

M. de Fourqueux , Conſeiller-d'Etat ,
tient d'ailleurs une place diſtinguée dans
l'Adminiſtration. Ce Magiſtrat n'a ici
d'autre intérêt que celui de la vérité , &
après neuf années d'expérience & de comparaiſon , il doit ſûrement la connoître ;
il la dit dans ſa lettre du mois de Décembre 1772 , & la confirme encore
en 1777 dans la lettre qu'il m'a fait
l'honneur de m'écrire le 11 Décembre ,
où il me marque qu'ayant eu occaſion
de replanter quelques pieces de Vignes ,
l'année d'auparavant , dans un terrein
meilleur , il a donné ordre qu'elles fuſſent
plantées & cultivées ſuivant ma méthode.

M. de Fourqueux eſt donc bien per-
ſuadé de la ſupériorité de ma méthode ,
puiſqu'après l'avoir éprouvée pendant 14
années , il l'adopte encore pour de nou-

velles plantations ; & fi après une auffi longue épreuve , ce Magiftrat eft perfuadé , tout porte à croire qu'il a fujet de l'être , & alors fon témoignage doit être reçu , non-feulement par le caractere d'authenticité que lui imprime l'homme d'Etat qui le donne , mais encore parce qu'il n'eft donné que dans la plus parfaite connoiffance de caufe. Il eft impoffible à cet égard d'être mieux inftruit de la vérité que ne l'eft M. de Fourqueux.

. Tout fe réunit donc pour démontrer la certitude & l'excellence de ma méthode , & pour prouver que dans la combinaifon de mon écartement , la Vigne très-peu fumée , & quelquefois même lorfqu'elle ne l'eft pas , rapporte plus que les Vignes ferrées & épaiffes , quoique ces Vignes foient provignées & beaucoup plus fumées.

Non-feulement cela eft prouvé , mais il l'eft encore que dans les Pays & les Vignobles où les Vignes rapportent le plus par la maniere dont elles font tenues , par la force du terrein & la grande quantité de fumier ; il eft encore prouvé , dis-je , que dans tous ces cas , la Vigne écartée fuivant mes principes , produit plus que celles qui ne le font pas.

Le territoire de Fourqueux eft, par la réunion de toutes les circonftances dont je viens de parler, celui, ou au moins, un de ceux de tous les Vignobles des environs de Paris qui rapporte le plus ; & tout le monde fçait qu'il eft peu de Vignobles dans le Royaume qui chargent autant que ceux des entours de Paris.

Dans le Vignoble de Fourqueux, un bon arpent de Vigne peut donner, dans les années bien régulieres, 15 à 18 muids, & quelquefois au-delà.

Si dans un pareil Vignoble, ma culture l'a emporté fur la méthode ordinaire, & le rapprochement des ceps, combien plus l'emportera-t elle dans un terrein moins fort & moins gras, & par-conféquent moins favorable pour la proximité des ceps?

Les terres fortes, les bonnes terres font bien certainement de toutes les terres celles qui peuvent fupporter la plus grande quantité de ceps, puifque ce font celles qui ont le plus de fucs & de nourriture à leur fournir : ces terres font donc celles où, à ne regarder les chofes que de ce côté, l'écartement eft le moins néceffaire & le moins favorable. Or, il eft prouvé que dans ces terres-là mêmes, il eft beaucoup plus avantageux que la proximité des ceps , à plus forte raifon le fera-t-il plus encore, comme je l'ai éprouvé moi-même dans les terres moins graffes , moins nourriffantes , telles que les terres légeres , les fables , & autres femblables.

Cet argument eft tranchant & fans réplique. Il démontre l'univerfalité de mon fyftême avec une telle évidence , qu'à moins de s'aveugler à plaifir , il n'eft pas poffible , ce me femble , d'en conferver, & encore moins d'en marquer le moindre doute.

L'ART
DE LA VIGNE.

CHAPITRE PREMIER.

Nouvelle maniere d'efpacer les Ceps , avec le détail des expériences qui en prouvent les avantages.

Tout le monde convient que la Vigne, quand elle n'eft point gênée, pouffe beaucoup de racines, & qu'elle les étend très-loin, & beaucoup plus loin que deux & quatre pieds. Elle femble par-là, nous avertir de lui donner encore un plus grand efpace, que deux & quatre pieds : cependant comme indépendamment de beaucoup d'autres raifons, cet efpace ne pourroit être occupé utilement qu'au bout d'un tems affez long , pendant lequel la pleine jouiffance feroît entiérement fufpendue, j'ai cru qu'il falloit prendre un jufte milieu en-

B 4

tre cette indication de la Vigne , & l'usage où
sont la plus grande partie des Vignobles , d'en-
tasser pour ainsi - dire les ceps les uns sur les
autres.

Ce juste milieu , cette distance moyenne entre
un trop grand écartement & un trop grand rapprochement , la distribution en un mot , que , d'après
des expériences précises , je propose en général
pour tous les pays de Vignobles où l'usage est
de rapprocher les ceps , c'est d'établir toutes les
Vignes en rangées à quatre pieds l'une de l'autre ,
& les ceps dans les rangées , à deux pieds seulement de distance entr'eux ; sauf par la suite à éclaircir les ceps dans les rangs , & à les mettre
à quatre pieds l'un de l'autre , si les circonstances l'exigeoient ; car c'est toujours & dans tous
les cas , aux circonstances à décider. C'est à elles
seules qu'il appartient de faire des regles absolues , comme à la nature & à l'essence seule des
choses , appartient d'en faire de générales.

Ce plan ou distribution convient à toutes les
especes de Vignes , & à toutes les terres indistinctement. Pour le prouver , je vais rapporter le
plus succinctement qu'il me sera possible , non
pas toutes les expériences qui peuvent être favorables à l'écartement en général ; mais seulement
celles qui se rapportent directement à l'écartement tel que je le propose. Ces expériences ne

font pas nombreufes ; mais j'ofe le dire, elle font décifives par leur fuccès & leur durée. Je commence par les miennes.

EXPÉRIENCES.

Convaincu par une épreuve de plufieurs années, que les Vignes pleines & fans ordre, comme elles le font dans préfque tous les Vignobles du Royaume, coûtoient beaucoup & fouvent rapportoient fort peu, j'effayai en 1760, de faire éclaircir quelques-unes de mes vignes : cet effai m'ayant affez bien réuffi, je fis éclaircir le refte au commencement d'Octobre 1761, & mettre autant que cela fut poffible, tous les ceps à quatre pieds l'un de l'autre en tous fens.

Cette opération, faite trop précipitamment, fut très-mal exécutée ; on conferva de préférence tous les ceps qui fe trouverent dans l'alignement, fans obferver s'ils étoient bons ou mauvais. On en arracha beaucoup qu'il auroit fallu laiffer : la plus grande partie des ceps fut couchée à trop peu de profondeur. Tout fut fait de maniere enfin qu'on ne pouvoit gueres faire plus mal ; cependant en 1762 mes vignes, pour le plus grand nombre, pousferent malgré la féchereffe de l'année, avec la plus grande force, & plus qu'aucune autre du canton. Cela fut & devoit être, puifque les meres fouches, qui, avant l'opération, avoient à nourrir trois ou quatre pieds, n'en avoient plus qu'un ou deux.

En 1763, ces Vignes, qui, à la différence de l'année précédente, avoient été taillées à fruit comme à bois, me donnerent les unes dans les autres, à raison de l'année & de ce qui m'en restoit, autant que dans les années précédentes. Plusieurs pieces de Vigne, celles qui étoient encore dans leur force, & qui par cette raison, avoient moins souffert du défaut du choix des ceps, me donnerent même plus qu'en 1759 & 1760, années pourtant bien plus abondantes qu'en 1763, & où les vignes avoient les trois quarts de ceps de plus.

La même chose est arrivée en 1764. Dans ces deux dernieres années, mes Vignes pousserent tellement en bois & en fruit, elles étoient si belles qu'on ne pouvoit les voir sans étonnement ; cependant croyant encore mieux faire, (car j'avoue mes fautes avec la même franchise que je soutiens mes avantages), je fis coucher mes Vignes au mois d'Octobre 1764. Cette opération me donna encore plus de Vin, que dans les années précédentes ; mais par des raisons que je pourrai rapporter ailleurs, loin d'accroître comme je me l'étois proposé, la force de mes vignes, elle les affoiblit à tel point, qu'en 1766 elles me rendirent beaucoup moins qu'auparavant, & que quelque chofe que j'aie fait jufqu'en 1770, que je les ai quittées, je n'ai pu parvenir à les rétablir.

Mais toûjours eft-il vrai qu'en 1762, au moyen de ce qu'elles avoient été éclaircies, elles ont beaucoup plus pouffé qu'auparavant, & qu'en 1763 & 1764, & même en 1765, *avec beaucoup moins de ceps*, & fans *provin ni fumier*, elles m'ont rapporté autant & plus que quand elles étoient pleines, & quelques-unes, fituées dans des fables, plus que dans les années les plus abondantes. Elles m'ont donné à raifon de 12 muids l'arpent, & fi elles avoient été bien traitées dans le principe, & fumées feulement au tiers de ce que le font les autres Vignes, elles m'auroient rendu les unes fur le pied de quinze, & les autres fur le pied de 18 muids au moins par arpent.

Il eft donc certain, que les Vignes écartées peuvent donner & donnent réellement, toutes chofes égales d'ailleurs, & même avec beaucoup moins de frais, plus que celles qui ne le font pas.

L'expérience faite chez Madame la Comteffe de Pons, à Carrieres fous Poiffy, peut fervir encore à prouver cette vérité.

Dans cette expérience, la Vigne fut plantée en 1758 par rangées, éloignées les unes des autres de trois pieds. Les ceps dans les rangées, furent mis à quatre pieds de distance l'un de l'autre. Cette combinaison étoit mal faite ; mais il ne s'agit ici que de l'effet de l'écartement. La deuxieme année, la Vigne, suivant ce qui m'a été dit, fut fumée : elle le fut encore dans les années suivantes ; mais avec une moindre quantité de fumier, que dans la méthode ordinaire. A la troisieme année, cette Vigne, contenant trois arpens & demi, a rapporté sept muids & demi, ; à la quatrieme 15 muids, & à la cinquieme 21 muids, c'est-à-dire cinq à six muids, plus que si elle avoit été plantée suivant l'usage ordinaire. A la sixieme année, qui est celle où j'ai cessé de la voir, cette vigne, située *dans un gravier* d'un assez *mauvais sable*, portoit un bois incomparablement plus beau que dans les meilleures terres. Ce bois étoit si fort, si vigoureux, en si grande quantité, que le Vigneron le plus immodéré sur l'usage du fumier, auroit été forcé d'avouer, que, loin qu'il eût pu être utile dans une pareille Vigne, il n'auroit pu au contraire que lui être préjudiciable.

Voilà ce que j'ai vu, je laisse à en tirer la conséquence, pour passer à la derniere expérience que je vais rapporter.

Cette expérience est de M. de Fourqueux. Ce Magistrat ayant eu connoissance de la nouvelle méthode que je venois de publier sur la culture de la Vigne, se détermina à en faire l'essai dans son parc à Fourqueux, sur partie d'une vigne toute faite, contenant 104 perches, la perche de vingt pieds. En conséquence, au mois d'Octobre 1773, après avoir fait mesurer la vigne, & prendre les alignemens nécessaires, il en fit réduire la moitié en rangées de quatre pieds. Les ceps dans les rangées, furent mis à deux pieds seulement entr'eux, sauf à les mettre à quatre par la suite, si la chose paroissoit nécessaire. Tous les mauvais ceps furent impitoyablement arrachés, même ceux qui se trouverent tout placés dans l'alignement : enfin l'opération que je dirigeai pour les premieres rangées, fut très-bien exécutée. Instruit par mes fautes passées, je ne négligeai rien pour qu'on les évitât dans l'expérience dont est question.

Aussi, dès la premiere année, la partie des Vignes en expérience, rapporta-t-elle plus que l'autre : il en fut de même l'année suivante. Depuis j'ai perdu de vue pour un tems cette expérience ; mais par la lettre que M. de Fourqueux m'a fait l'honneur de m'écrire en Décembre 1772, c'est-à-dire 9 années après l'opération, il me marque, ainsi qu'on le peut voir dans la lettre même rapportée à la fin de cet ouvrage, que la moitié éclaircie avoit été en 1772 même, de la plus grande beauté, qu'elle étoit parvenue à une parfaite maturité, qu'on lui a dit qu'en son absence, ses Habitans alloient la voir comme une curiosité ; mais qu'étant obligé depuis 4 ans de s'abſenter pendant le mois d'Octobre, il n'avoit pu depuis ce tems ſe trouver à ſes vendanges, & par conféquent tenir une note exacte du produit ; mais que la récolte de la *moitié éclaircie*, a été conſtamment pendant cinq ou ſix ans, plus abondante d'un *cinquieme*, que celle de la partie voiſine, où les ceps étoient cependant trois ou quatre fois plus ñombreux.

Il eſt vrai que celle-ci avoit quelques déſavantages du côté de la poſition; mais outre qu'elle avoit trois ou quatre fois plus de ceps que l'autre, (circonſtances qu'il né faut pas perdre de vue) c'eſt que ſuivant la même lettre, il paroît qu'elle étoit aſſez réguliérement provignée & fumée de deux années l'une, au lieu que la partie éclaircie n'étoit ni provignée, ce qui eſt très-rarement néceſſaire dans ma méthode, ni même jamais fumée, ce qui eſt trop peu.

D'ailleurs comme le remarque très-judicieuſement M. de Fourqueux, cette Vigne, par la faute de ſes Vignerons, n'étoit pas tenue, & ſurtout n'étoit pas taillée à beaucoup près auſſi bien qu'elle auroit dû l'être, enſorte que les avantages qu'elle pouvoit avoir du côté de la poſition, étoient plus que compenſés par ceux qu'avoit l'autre du côté de la culture.

Ce n'eſt donc point à la poſition, mais à l'écartement, quoique d'ailleurs mal conduit dans les derniers tems, (voyez le discours préliminaire), qu'il faut rapporter la supériorité du produit ; aussi M. de Fourqueux en a-t-il toujours été persuadé. On s'en convaincra par la lettre que j'ai déjà citée, & par celle qu'il m'a écrite le 11 Décembre 1777, rapportée à la fin de cet ouvrage.

Je ne dois point dissimuler que la méthode dont il s'agit, a, ou semble avoir, non par rapport à l'augmentation du produit, ce-point est incontestable, mais par rapport à la maturité des raisins, un inconvénient qui, au premier coup d'œil, paroîtra peut-être mériter quelqu'attention.

Cet inconvénient, qui est absolument le seul, consiste en ce que les raisins mûrissent un peu plus tard que dans les vignes serrées ; mais 1°. ce retard n'est que de peu de jours, & par conséquent n'est que d'une très-petite conséquence. 2°. Ce retard n'empêche point que le Vin ne soit aussi bon, & ne se vende autant que celui des Vignes ordinaires. 3°. Cet inconvénient disparoît entiérement dans ma maniere de faire les Vins. En 1766, 1767 & 1770, mes vignes étoient écartées, & dans ces mêmes années, mes Vins ont été infiniment meilleurs que les autres Vins du pays & de beaucoup d'autres ; on peut consulter les différens ouvrages que j'ai publiés sur les Vins. Dans mes procédés bien exécutés, on se joue pour ainsi-dire du plus ou moins de verdeur des raisins. C'est un fait trop bien établi aujourd'hui, pour qu'il soit permis d'en douter. Cet inconvénient de la méthode que je propose, doit donc se regarder comme nul. Il n'en est pas de même de ses avantages. Ils sont prouvés d'une maniere indubitable par les expériences que je viens de rapporter.

Ces expériences ont été faites, non pas dans tous les pays; mais dans toutes les especes de terres, dans les terres les plus opposées de qualité, dans les terres fortes & froides, comme chez M. de Fourqueux, dans les terres les plus légéres & les plus chaudes, comme dans une partie de mes vignes, & celles de Madame la Comtesse de Pons; elles ont été faites sur toutes les especes de plants, n'eût-ce été que dans mes Vignes; & quand cela ne seroit pas comme cela est, l'universalité de ma méthode n'en seroit pas moins prouvée. Il n'y a pas une seule Académie, une seule société d'agriculture, aucun Physicien, aucun homme instruit, qui d'après les expériences que je viens d'exposer, se permît de nier publiquement cette universalité. Je le dis tout haut afin que personne ne puisse en douter.

Cela posé, quelle raison pourroit empêcher les pays de Vignobles d'adopter ma méthode ? Aucune.

Je

Je n'ose pourtant pas me flatter qu'ils se hâtent de prendre ce parti. Il y a tant de mollesse & d'indifférence dans le Bourgeois qui commande, il y a tant de préjugés & de roideur dans le Vigneron qui doit obéir, qu'en l'état où sont les choses, il n'y a guères lieu d'espérer de voir sitôt s'opérer une pareille révolution ; cependant il est certain que les uns & les autres y ont le plus grand intérêt, puisque d'un côté leurs vignes leur rapporteroient plus, & que de l'autre, il leur en coûteroit beaucoup moins en échalas, en fumier, & même en frais de culture ; mais sur-tout le Bourgeois & le pauvre Vigneron y trouveroient le plus grand avantage ; le Bourgeois, en ce que la culture étant non-seulement moins dispendieuse, mais encore plus simple, moins chargée d'opérations, il y verroit plus clair, & seroit bien moins exposé qu'à présent, à être trompé. Le pauvre Vigneron, en ce que la Vigne exigeant moins de fumier, de tems & d'échalas, il ne seroit pas, comme il ne s'en voit que trop, dans l'impuissance de planter, ou dans le cas de voir sa Vigne partager, en quelque sorte, sa misére & périr, ainsi que lui, faute de nourriture, & des secours nécessaires à sa conservation.

Ce que je dis du pauvre Vigneron, je le dis à plus forte raison de sa veuve, trop souvent obligée d'abandonner le seul héritage, qui, si l'entretien

C

en eût été moins onéreux, auroit pu la faire fub-
fifter, elle & fes enfants : il n'y a pas de pays de
Vignoble, qui, malheureufement ne fourniffent
un grand nombre des exemples de tout ce que j'a-/
vance. Pourquoi donc ne profiteroient-ils pas des
moyens que je leur offre pour éviter à l'avenir des
effets auffi défaftreux ? Qui pourroit y mettre obf-
tacle ? Seroit-ce parce que la culture de la Vigne
étant plus fimple & plus facile, le pauvre Vigneron feroit moins employé, & qu'il auroit moins
de journées à faire pour le Bourgeois ? Mais 1°.
cette raifon, fi elle étoit valable pour le journa-
lier, n'en feroit apparemment pas une pour le Bourgeois & le Vigneron aifé. 2° En fuppofant que le
nombre des Vignes n'augmentât point en proportion de la diminution des frais de culture, le pauvre Vigneron ne feroit-il pas bien dédommagé,
& au-delà, par la facilité qu'il auroit alors,
& qui lui manque fouvent aujourd'hui de
pouvoir planter & en tout cas de pouvoir
élever & entretenir fa Vigne à beaucoup moins
de frais ? S'il lui eft avantageux d'avoir des Vignes à faire pour le Bourgeois, ne lui eft-il pas
encore plus avantageux d'en avoir à faire pour lui-
même ? Quelle comparaifon peut-il y avoir à faire
entre cet avantage & la perte de quelques journées, s'il en perd ? Les Vignes qu'il fait pour le
Bourgeois, peuvent quelquefois l'empêcher de

mourir de faim ; mais les siennes peuvent seules le faire vivre. Qu'on parcoure tous les pays de Vignoble , on verra que parmi les Vignerons , celui-là seul qui a une propriété, qui a des Vignes à lui , est le seul aisé , ou au moins le seul qui puisse subsister. On verra que le vœu de tous ceux qui n'en ont pas, est d'en avoir. On y verra sur-tout que c'est la seule ressource du pauvre Vigneron dans ses vieux jours, dans l'âge où ses forces consumées par le tems & par la misere , le mettent hors d'état de travailler pour tout autre que pour lui.

Loin donc de traverser l'établissement de la nouvelle méthode que je propose , il a au contraire le plus grand intérêt à l'accueillir & à l'adopter lui-même, puisqu'encore une fois il pourra planter où souvent il ne le peut pas; puisque pour entretenir sa Vigne , il lui en coûtera beaucoup moins en échalas , & les trois quarts ou les deux tiers moins en fumier ; puisqu'ainsi que je l'ai démontré, il aura des récoltes plus sûres & plus abondantes dès l'année même de l'opération , puisque la culture de la Vigne sera plus simple & moins pénible; puisqu'en mettant à sa Vigne moins de tems & de fumier , il pourra en mettre davantage à ses terres , qui étant mieux cultivées & plus fumées , lui donneront plus de grain qu'elles ne lui en donnent aujourd'hui; puisqu'enfin il pourra , ainsi que je l'expliquerai dans le chapitre suivant , recueillir dans fa Vigne , outre le fruit de fa Vigne , une très grande quantité de légumes.

Ces avantages font fi certains, ils font fi intéreſſans, qu'à moins du plus grand aveuglement , il n'eſt pas poſſible aux Vignerons de s'y refuſer , ſur-tout ſi MM. les Curés ſe donnent la peine de les faire valoir , comme on a droit de l'attendre de leur zele , & même de l'intérêt qu'ils y ont eux-mêmes.

A l'occaſion de ces avantages , j'obſerverai en finiſſant , que le ſyſtême de l'écartement des ceps eſt non ſeulement très-favorable à la culture des vignes; mais qu'il l'eſt encore à toute l'agriculture. Combien de terres dans les Vignobles qui ne font point fumées , & qui pourront l'être ! Combien de pays de Vignoble , où on ne ceſſe de tranſporter du fumier dans les champs depuis le mois d'Octobre juſqu'au mois d'Avril , qui n'en mettent pas la trentieme partie dans leurs terres & qui pourront y en mettre au moins les deux tiers ! Combien de terres en friches qui ceſſeront d'y être, ou, ce qui eſt bien plus avantageux , combien de terres mal cultivées , qui le feront bien ! Mon ſyſtême ou l'écartement des ceps par ſes conſéquences , eſt de tous les moyens qui exiſtent dans l'agriculture, un des plus ſûrs , des plus ſimples & des plus praticables pour fertiliſer les terres , ou au moins pour fertiliſer

un grand nombre, & par conséquent pour augmenter la somme totale des productions.

Avec quel empressement les hommes qui s'in-
téressent sincérement au progrès de l'agriculture,
& au bien de l'humanité, (car sans doute il en
est) ne doivent-ils donc pas favoriser ce système
pour en faciliter l'exécution sur les Vignes toutes
faites ?

CHAPITRE II.

*De la maniere de procéder à l'écartement des
Ceps, dans toutes les Vignes pleines & épaisses,
comme elles le font dans l'usage ordinaire.*

QUOIQUE par quelques-unes de mes expériences, il soit prouvé que l'écartement des ceps,
lors même qu'il est mal exécuté, suffit seul au moins
en certains cas, (1) pour donner une augmentation de produit ; cependant il n'en est pas moins
vrai, en général, qu'il est de la plus grande importance que cette opération soit bien faite ; c'est-
à-dire qu'elle soit faite de la maniere la plus propre à maintenir & à assurer la vigueur des ceps
réservés.

____

(a) Voyez mes Expériences, page 25.

Pour y parvenir, après avoir dégarni tous les ceps de leurs échalas, on commencera d'abord par aligner avec le cordeau, une ou plusieurs rangées, à la distance de quatre pieds. On marquera l'alignement avec des échalas placés de distance en distance : cela fait, on procédera à l'établissement des rangées, en laissant tous les ceps forts & de bonne nature, qui seront dans l'alignement, à la distance de deux pieds ou environ l'un de l'autre. Un à peu près, en plus ou en moins, suffit sans s'attacher à une précision trop rigoureuse ; le surplus des ceps qui se trouveront dans le rang, sera arraché, ainsi que tous ceux qui se rencontreront dans l'épaisseur ou intervalle d'une rangée à l'autre, ensorte que les 4 pieds qui doivent séparer les rangées soient libres, & que les rangées soient parfaitement garnies, du moins autant qu'il se pourra.

Si, comme cela arrivera souvent, il n'y a point assez de bons ceps, (car autant qu'il est possible il n'en faut conserver que de bons, & parmi ceux-là les meilleurs, soit pour la qualité, soit pour le produit) si, dis-je, il n'y a point assez de bons ceps pour garnir les rangées, alors on choisira parmi les ceps voisins, les plus forts & les plus vigoureux, qu'on abaissera en terre pour les amener, si cela se peut, jusqu'à l'alignement.

On couchera ces ceps plus ou moins avant, suivant la qualité de la terre, & à la même profondeur que si on les provignoit, si ce n'est que, pour expédier & économiser, on fera beaucoup moins large l'ouverture ou petite tranchée dans laquelle on couchera & étendra les ceps ; cinq à six pouces de largeur seront suffisans, comme assez généralement un pied & quelquefois moins, le sera pour sa profondeur.

Avant de les coucher, on les épluchera, & on en retranchera tout le bois qu'on jugera inutile pour la taille, sur-tout on y laissera le moins qu'il sera possible de vieilles branches ou vieux bois, parce que le vieux bois racine plus difficilement que le jeune bois, c'est-à-dire que le bois de l'année.

On aura l'attention d'écourter les racines proportionnellement à la largeur du trou, & à la place qu'on pourra leur donner, afin qu'elles ne se replient point sur elles-mêmes, & qu'elles ne fassent point paquet, comme je ne l'ai vu que trop souvent.

Une autre attention qu'il faut avoir principalement dans les terres fortes & humides, c'est de prendre de la terre de la superficie, bien meuble, pour combler la rigole, & singuliérement pour en garnir le fond à l'épaisseur d'environ un demipied, après que le cep aura été couché.

C 4

S'il n'y a point dans le voifinage des rangées de ceps affez forts ou affez proches pour pouvoir les amener, lors de l'opération, ou même de l'année d'après aux places vacantes, en ce cas on y creufera fuivant la nature de la terre, des trous de 12, 15 ou 18 pouces de profondeur, fur 15 ou 18 pouces de largeur, & on les plantera, foit avec des chevelures ou marcottes prifes de la vigne même, s'il y en a, foit plutôt avec de jeunes ceps, qu'on arrachera ainfi que les marcottes, avec le plus de racines qu'il fera poffible; on fe conformera pour cette plantation à ce qui fera dit dans le chapitre fuivant.

J'obferverai feulement ici, que pour affurer la reprife du jeune plant, & le mettre en état de fe défendre contre les ceps voifins, dont les racines pourroient lui dérober une partie de fa nourriture, on fera bien de le fumer en le plantant, avec du fumier adapté à la qualité de la terre, & fur-tout bien émietté. Avec cette attention, & les autres que j'indiquerai, on peut être fûr qu'il réuffira.

Après que toutes les opérations que je viens de décrire feront achevées; c'eft-à-dire quand les rangées feront formées, & qu'on aura extirpé tous les ceps qui fe feront trouvés hors de l'alignement, alors on pourra procéder à la taille de la Vigne, fi les circonftances de la faifon ou autres le permettent.

La taille devant fe faire à raifon de la force

des ceps, & de tout le bois qu'ils portent, jeune ou vieux, il feroit à fouhaiter que dans le cas préfent, elle pût fe faire immédiatement après le couchage de chaque cep, & par la même perfonne qui a fait le couchage ; mais comme ce double travail rendroit l'opération principale beaucoup plus longue, je ne donne cette obfervation que comme un avis dont chacun fera l'ufage qu'il lui plaira.

Au furplus quelque parti qu'on prenne, on fe conformera pour la taille aux principes que j'établirai pour cette opération, dans le chapitre de la taille, en obfervant dans cette année & la fuivante, où il s'agira de fonder la Vigne, de tailler plutôt court que long.

La premiere année, les ceps qui auront été couchés, pourront, toutes chofes d'ailleurs égales, être chargés à la taille un peu, & même en général, beaucoup plus que ceux qui ne feront pas dans le même cas, vu que cette premiere année, ils doivent former beaucoup plus de racines que les autres. On les taillera fuivant le cinquieme & le fixieme principe du Chapitre de la taille, fauf *l'année d'après à les charger beaucoup moins.*

Les autres ceps pourront être taillés à la deuxieme année, s'ils font affez forts, fuivant les mêmes principes.

On taillera, ou au moins on pourra tailler,

ainſi que je l'ai déjà dit, en même-temps qu'on fera l'opération de l'écartement ; c'eſt-à-dire dans le mois d'Octobre, plutôt ou plus tard, ſuivant les années ; mes Vignes ont été éclaircies & taillées en 1761 & 1762, dans les huit ou 15 premiers jours d'Octobre. Celles de M. de Fourqueux l'ont été en 1763, dans le milieu & à la fin du même mois. En général, dès que les feuilles commencent à tomber, on peut procéder à l'écartement, & enſuite à la taille, ſi ce n'eſt dans les terreins trop humides, marécageux & chargés d'eau, ſoit que ces terreins, d'ailleurs peu propres à la Vigne, ſoient dans des lieux bas ou élevés ; dans ces ſortes de terreins, je penſe qu'on fera bien de remettre les deux opérations, l'écartement & la taille au tems nouveau, à la fin de Mars ou au commencement d'Avril.

Dans les autres terres, on peut s'y prendre depuis le mois d'Octobre, juſqu'à la fin de Novembre, & ſouvent même plus tard, du moins pour l'écartement, ou depuis le 15 de Février juſqu'à la fin de Mars, en préférant cependant toujours à l'égard des terres chaudes & légeres de s'y mettre plutôt que plus tard.

Mais ſoit qu'on faſſe ces opérations dans un tems ou dans un autre, on doit s'abſtenir de charger d'aucune production, l'intervalle de quatre pieds qui ſépare les rangées ; non-ſeulement pour ne point appauvrir la terre de la superficie dans laquelle les racines des ceps couchés peuvent s'étendre ; mais encore parce que tous les ceps en général étant très bas, il faut éviter tout ce qui peut leur donner trop d'ombre ou d'humidité. Il faudra par les mêmes raisons, en agir de même la deuxieme année.

A la troisieme année & les suivantes, les ceps étant plus forts & plus élevés, ces inconvéniens seront beaucoup moins à craindre ; c'est pourquoi on pourra, *si absolument on le veut* (car d'ailleurs je suis bien éloigné de le conseiller) on pourra, dis-je, tracer juste au milieu de l'espace de quatre pieds, qui sépare les rangées, & après avoir labouré ce milieu, une raie d'un pouce ou deux, pour y semer quelques légumes, tels que des lentilles, fêves & autres graines semblables ; pourvu qu'elles ne s'élevent pas à plus d'un pied ou environ, & qu'elles n'ayent point de grosses racines pivotantes, qui piquent & s'enfoncent avant dans la terre, & sur-tout pourvu qu'on ait soin de fumer la partie de terre qui sera ensemencée. Sans toutes ces attentions que je recommande, la Vigne affamée & quelquefois défféchée par les plantes parafites qu'on lui affocieroit, ne tarderoit pas à s'affoiblir au point que l'opération de l'écartement deviendroit inutile & absolument fans effet.

Cette opération fera plus longue & plus coûteufe dans les terres fortes & difficiles à travailler
que dans toutes les autres ; cependant, dans ces
terres-là même indépendamment des avantages
qu'on en retirera par la fuite, & même dès la
premiere année, ou le plus fouvent la Vigne produira ainfi que dans l'expérience de M. de Fourqueux, autant que fi elle n'avoit pas été écartée,
dans ces terres là même, dis-je, il eft généralement fûr, à tout compter, non-feulement qu'elle
ne coûtera rien, mais encore qu'elle fera profi-
table, les frais devant être plus que compenfés
par le farment que donnera la fuppreffion d'une
partie des ceps, par les bons ceps qui feront fupprimés, & qu'on pourra tranfplanter ailleurs,
comme je l'ai fait moi-même avec fuccès, par
les fumiers qu'on économifera, & enfin par les
échalas dont on profitera au moyen de cette fuppreffion, ou autrement dit, de l'écartement qu'on
ne fera d'abord que fur la moindre portion de fes
vignes, non pas pour s'affurer de fes avantages,
qui font bien certains, mais pour fe mettre parfaitement au fait de toutes les opérations que j'ai
indiquées, & pour les exécuter enfuite de la maniere la plus avantageufe.

CHAPITRE III.

De la plantation de la Vigne, & de la préparation de la terre.

Avant que d'enseigner la maniere de préparer la terre, il semble qu'il seroit à propos d'en faire connoître les différentes sortes ; mais outre que les notions ordinaires me paroissent suffisantes à cet égard ; c'est que les préparations que j'indiquerai, regardant & comprenant généralement toutes les terres, telles qu'elles soient, la distinction préalable des especes m'a paru absolument inutile, au moins pour l'objet qui m'occupe dans ce chapitre. Je n'entrerai donc point dans cette discussion, en général plus curieuse que nécessaire. Un article beaucoup plus intéressant, & qu'il convient de fixer avant de traiter de la préparation de la terre, est le tems où doit se faire la plantation, d'autant que c'est de ce tems que dépend celui de la préparation.

Les sentimens des Auteurs sont partagés sur cette matiere. Pour moi, je pense qu'à l'exception des bas fonds, de tous les fonds très-humides, ou à portée d'être inondés par les débordemens, des terres fortes & très-glaiseuses ; en un mot, de toutes les terres, qui par leur nature ou

leur pofition, font dans le cas de retenir l'eau
ou une trop grande humidité, il eft avantageux
dans toutes les autres terres de planter, plutôt
avant l'hiver qu'après, foit en plant enraciné,
foit même en bouture; il en réfulte que le jeune
plant, étant preffé par la terre qui l'environne,
& qui s'affaiffe par fon propre poids, & par les
pluies abondantes de l'hiver, fe lie & s'attache
plus étroitement aux molécules de cette terre,
en exprime les fucs, ainfi que l'humidité, au
moyen de quoi, la végétation fe renouvelle, il fe
trouve tout établi dans la terre qui lui eft deftinée,
& pourvu de toute la féve qui lui eft néceffaire
pour reprendre & pouffer avec force.

Ce n'eft pas que ces avantages ne puiffent
être mêlés de quelques inconvéniens; mais ces
inconvéniens, tels que la champelure ou gelée
d'hiver, n'étant point une fuite néceffaire, ni
même ordinaire de la chofe, ne font point certains, au lieu que les avantages le font; ce qui
n'empêche cependant pas qu'on ne puiffe planter
au printems, quand cela fera plus commode, ou
qu'on en aura quelques autres raifons, la plantation d'automne, quoique plus avantageufe, n'é-
tant point à la rigueur une condition abfolument
indifpenfable pour réuffir même dans les terres chaudes & légeres, & à plus forte raifon,
dans tous les terreins froids & humides, où

il ne faut planter qu'à la fin de Mars, & fouvent en Avril.

Dans toutes les autres, on pourra planter depuis la chûte des feuilles, jufqu'à la fin de Novembre ou depuis le 15 de Février, jufqu'au commencement d'Avril, plutôt ou plus tard, fuivant le climat, la circonftance du tems & la nature de la terre.

Mais foit qu'on plante dans une faifon, foit qu'on plante dans une autre, il eft à propos pour le fuccès de la plantation, que la terre foit bien préparée, & fouvent qu'elle le foit long-temps d'avance.

Les terres dans ce dernier cas, font les terres froides, glaifeufes, & toutes celles qui retiennent l'eau.

Toutes ces terres, avant d'être mifes en Vignes, doivent en général être labourées par un tems fec, une fois ou deux, auffi profondément qu'il le faut, pour les nettoyer parfaitement de toutes les mauvaifes herbes qu'elles pourroient porter.

Après ces labours, s'ils ont été faits affez à tems pour employer la terre ainfi préparée, à la production de quelques grains ou légumes, on pourra les y employer fi on le juge à propos ; mais à condition, pour peu qu'on le croye néceffaire, de faire un nouveau labour pour déraciner abfolument toutes les mauvaises herbes qui pourroient être survenues.

Immédiatement ou peu de tems après ce dernier labour, qui, pour le mieux, doit toujours être fait avant l'hiver, on tracera dans toutes *les terres fortes & poisseuses*, les alignemens des rangées au cordeau, à quatre pieds l'une de l'autre, & tout de suite, on ouvrira avec la bêche des trous d'environ un pied de profondeur sur autant ou environ de largeur.

Ces trous, dans les rangées, seront entr'eux à deux pieds de distance, si ce n'est qu'on ne voulut, ce que je ne conseille nullement, former les Vignes en basse treille ou perchées comme dans l'Auxerrois & ailleurs, auquel cas on pourra ne creuser les trous que de quatre en quatre pieds, au lieu de deux en deux ; & on leur donnera au moins un pied & demi d'ouverture. On en usera en tout de même dans *les* terres dont on aura nouvellement arraché la Vigne, & même dans toutes celles où pour bonne raison on ne plantera que de quatre pieds en quatre pieds.

De toutes les façons de préparer la terre, qui peuvent assurer la reprise du jeune plant, *dans les terreins difficiles à travailler*, je n'en connois point, après m'en être beaucoup occupé, de plus simple & de plus économique, que celle que je propose.

Les

La préparation sera encore plus parfaite , si on garnit le fond des trous de fumier, à l'épaisseur d'un demi-pied ou environ. Cette dépense inévitable dans les Vignes *nouvellement arrachées, & qu'on voudra replanter* , coûteroit peu , & seroit sûrement très-avantageuse , en ce que le fumier engraisseroit , & sur-tout ameubleroit & échaufferoit la couche de terre sur laquelle sera posé le jeune plant , & dans laquelle il doit faire ses premieres racines. On préférera pour cet usage dans toutes les terres froides & humides , le fumier de cheval à tout autre ; plus il sera nouveau , chaud , & chargé de stercoration , & plus grand en sera l'effet. On le laissera à l'air sans nullement le couvrir.

S'il n'est pas suffisamment consommé lors de la plantation , on le retirera, & quand la plantation sera faite , on le remettra à la superficie du trou , en le recouvrant d'un peu de terre.

A défaut de fumier , & dans le cas où on ne fouilleroit les terres qu'après l'hiver , on leur donnera un demi-pied de profondeur de plus pour remplacer aussitôt la terre froide qu'on en retirera , avec autant de terre prise à la superficie.

Ceci doit avoir lieu particuliérement dans le cas où la plantation se fait dans un terrein dont la Vigne vient d'être arrachée.

Dans toutes les especes de terres dont il s'agit,

ainſi que dans toutes celles où la Vigne *reprend & s'éleve difficilement* , on plantera de préféren- ce , & quand on le pourra, en plant enraciné , ſoit chevelures, marcottes , ou autres, dont on ſuppri- mera tout , ou du moins la plus grande partie du chevelu ; on rafraîchira le bout des racines , & on les écourtera comme il eſt d'uſage , à moins , ce qui ſeroit beaucoup mieux , qu'on ne vou- lût planter la vigne comme on plante les arbres ; auquel cas , on donneroit aux racines une lon- gueur proportionnée à la largeur du trou , & on ne laiſſera au plant que trois nœuds ou rangs de racines. Le premier rang poſera & ſera étendu avec la main ſur la terre même du fond. Les deux autres rangs le feront auſſi , & de maniere que que celui qui ſera plus haut ne touche point à ce- lui qui ſera plus bas, & qu'ils ſe trouvent tous dans la terre à différentes épaiſſeurs ; ce qui ar- rivera ſi après avoir recouvert de trois pouces de terre , le rang de racines qui eſt le plus bas, on range le ſecond ſur cette épaiſſeur , & ainſi du troiſieme. Ces nœuds ou étages de racines ſont communément à trois pouces environ l'un de l'autre ; ainſi ils ne doivent occuper que ſix à ſept pouces des douze que le trou a en profon- deur. Les cinq à ſix pouces reſtant feront rem- plis de la même terre dont on ſe ſera ſervi pour les autres ; c'eſt-à-dire , de la meilleure terre de la fuperficie, que l'on aura foin de comprimer & de piétiner un peu après la plantation, bien entendu toutefois que la terre fera plutôt feche que molle, fans quoi ce trépignement trop en ufage, ne pourroit être que très-nuifible. Ceci mérite la plus grande attention.

Dans le cas où, comme dans les plantations un peu confidérables, on ne feroit point ufage de plants enracinés, mais de bouture; j'eftime qu'on fera bien de planter ces dernieres au nombre de deux dans chaque trou, & de les planter droi-tes au miliéu de ce trou, de même que le plant enraciné, attendu *la fraîcheur & l'humidité na-turelles des terres* dont il s'agit.

Dans ces fortes de terres on plantera, comme je l'ai déja dit, en Mars & même en Avril, mais toujours par un beau temps, & lorfque la terre fera reffuyée, au moins à la fuperficie.

Tout ce que je viens de dire au fujet des terres fortes & poiffeufes, doit s'appliquer éga-lement aux bas-fonds, aux terres expofées à être inondées, & à celles qui font fortement humi-des; toutes ces terres feront préparées & plan-tées dans le temps & de la même maniere que les précédentes, en obfervant cependant à l'é-gard des terres marécageufes, & en général de toutes celles où l'eau abonde à la fuperficie, de faire dans toute la longueur des pieces deftinées à

être mises en Vignes , autant de tranchées tranfverfales qu'il en fera néceffaire ; c'eft au local à
décider du plus ou du moins & de la profondeur , qui ne doit pas être moindre de quinze
pouces fur un pied d'ouverture ; fans ces tranchées qui feront faites dans l'été , ou au plus tard
dans l'automne , il ne feroit pas poffible que la
plantation réufsît , & que la Vigne ne jaunît fous
peu de temps.

Toutes les terres chaudes & légeres , & en général toutes les terres qui n'ont pas le défaut d'ê-
tre fortement poiffeufes ou trop humides, feront
plantées avant l'hiver , & plutôt avec des chevelures ou marcottes qu'avec des boutures ou croffettes, non-feulement parce que la Vigne rapporte
plutôt , mais encore parce que la reprife en eft
plus affurée. Il y a pourtant des diftinctions à faire,
les terres les plus légeres & les moins bien préparées étant celles où la bouture convient le moins.

Toutes ces terres feront préparées , ainfi que
les précédentes , par un ou plufieurs labours , enfuite de quoi elles feront rayonnées , c'eft-à-
dire , qu'après avoir tracé les rangs à quatre pieds ,
on ouvrira dans toute la longueur de l'alignement
un rayon ou tranchée d'un pied au moins de largeur fur un pied 15 pouces, ou quelquefois 18 pouces de profondeur , plus ou moins , fuivant que les
terres auront moins ou plus de ténacité , qu'elles

feront plus ou moins subftancieufes, & que le tuf
ou autres mauvaifes terres feront plus ou moins
près de la fuperficie.

Ces rayons feront creufés, s'il eft poffible,
plufieurs mois avant la plantation & refteront
ouverts.

Si on plante des chevelures, & qu'on veuille
les planter droites & au milieu du rayon, on ne
laiffera que deux étages de racines, fuppofé que
le rayon n'ait qu'un pied de profondeur. On ar-
rangera ces racines, comme il a déja été dit, au
fond du rayon.

Ces chevelures feront plantées dans les rayons
à deux pieds l'un de l'autre.

Si pour expédier on prend le parti de coucher
les chevelures, en ce cas, après avoir piqué un
ou deux pouces du bout enraciné dans le fond du
rayon, on couchera fur ce fond tout le vieux
bois & un ou deux yeux du jeune bois que l'on
couvrira de maniere que la partie qui fera relevée
& que par anticipation on peut appeller fouche,
faffe à peu près angle droit avec celle qui fera
couchée, en obfervant de relever le plant à trois
ou quatre pouces de l'ados, & non autrement.

Cependant fi on étoit dans le mauvais ufage
de retirer & de remettre chaque année les échalas, en ce cas, on fera mieux d'incliner fur l'a-
dos la partie du plant qu'on voudra relever.

On ne comblera la tranchée ou le rayon que jufqu'à trois ou quatre pouces près de la fuperficie, c'eft-à-dire, par exemple, que dans le cas où la tranchée feroit profonde d'un pied, on ne la comblera que jufqu'à huit pouces & au plus à neuf, afin que le jeune plant fe trouvant dans un fond & un peu au-deffous du niveau du refte de la piece, foit plus abrité & puiffe recevoir les eaux des pluies qui s'écouleront des ados dans les rayons. Deux avantages trop fouvent négligés & qui méritent cependant la plus grande attention.

Cette maniere de planter à rayes ouvertes eft en ufage dans tous les environs de Paris, & j'ai eu lieu de me convaincre par comparaifon avec des plantations que j'avois faites d'une autre maniere, que celle-là eft préférable à toutes les autres pour les terres même qui, par la rapidité de leur pente, y paroiffent le moins propres, fauf à faire de diftance en diftance dans ces fortes de terres, des tranchées tranfverfales pour faciliter l'écoulement des fortes pluies d'orages. Avec ces précautions & le choix du plant, on peut être affuré que la plantation réuffira mieux que de toute autre façon.

Je n'ignore pas que quelques Auteurs modernes, appuyés fur l'autorité des anciens, rejettent cette maniere de planter en rayon ou foffé ouvert, & qu'ils préferent l'ufage où font beaucoup de Vignobles de planter à la barre ou taravelle : j'eftime beaucoup ces Auteurs & les anciens, mais je ne puis être de leur avis. J'ai fait mes premieres plantations autrement qu'en rayon, & fûrement mieux qu'avec la taravelle, & j'en fuis revenu à l'ufage des rayes ouvertes comme préférable à tout autre.

Les mêmes Auteurs blâment encore l'ufage de coucher le plant, talon ou chevelure, & prétendent qu'il eft bien plus avantageux de planter droit. Cette opinion peut être bien fondée en certains cas ; mais je fuis perfuadé qu'en général elle ne l'eft pas, fur-tout à l'égard du plant de fimple bouture, & il me feroit facile d'en donner les raifons fi je voulois m'étendre.

Si la plantation fe fait en boutures ou en croffettes, on les couchera un peu moins que les chevelures & feulement de quatre à cinq pouces au plus. On les plantera, ainfi que les chevelures, à deux pieds l'une de l'autre, fuppofé toutefois qu'on foit bien affuré de leur qualité, car autrement il faudroit les planter deux à deux. On fera bien, au lieu de les appuyer fur l'ados, de les relever ainfi que les chevelures, à trois ou quatre pouces près de cet ados.

Au refte, je ne confeille point de fe fervir de cette efpece de plant, je veux dire de boutures ou croffettes dans les fables extrêmement légers & brûlants, ni dans les terres maigres. Je ne connois que le plant ou farment enraciné qui puiffe réuffir dans ces terres, particuliérement dans les mauvais fables.

Autant avec ce dernier plant il eft impoffible que la Vigne, lorfqu'elle fera plantée avec les mêmes attentions que les arbres, & qu'en outre elle fera fumée au moment de la plantation, autant, dis-je, il eft impoffible que la Vigne ainfi plantée ne réuffiffe pas, même dans les fables les plus arides, quand d'ailleurs ils auront du fond, & que le jeune plant fe trouvera de cinq ou fix pouces plus bas que le niveau de la piece; autant, généralement parlant, il eft impoffible qu'elle vienne à bien dans ces mêmes fables, quand on n'y emploiera que des boutures ou croffettes.

Je connois dans plufieurs Provinces du Royaume, & même auprès de Paris, une infinité de mauvaifes terres incultes auxquelles on donneroit une très-grande valeur, & qui produiroient de bons vins & en quantité, fi on les plantoit de la maniere que je viens de donner.

Ce n'eft pas, au refte, comme on pourroit le croire, que je prétende prefcrire le plant de boutures; je lui préfere à certains égards & pour toutes les terres où la reprife de la Vigne eft difficile, le plant enraciné, c'eft-à-dire, le plant ou farment qui a des racines, mais je ne méconnois point d'ailleurs fes avantages ; je lui en fçais deux entr'autres, qui dans bien des cas, & furtout dans les grandes plantations, lui méritent la préférence fur le plant enraciné ; le premier, c'eft d'être beaucoup moins cher, & le fecond, qu'étant plus commun, il eft beaucoup plus facile d'en trouver de bon, & tel qu'on le defire, que dans le plant enraciné. Or, la bonté du plant eft ce qu'il faut confidérer pardeffus tout. On verra dans le Chapitre fuivant les marques auxquelles on peut la reconnoître ; mais avant de finir celui-ci, je dois communiquer mes principes fur la maniere de diriger les rayons & les rangées, relativement à l'expofition la plus favorable & à la difpofition du terrein.

Tout le monde fçait que les expofitions au midi ou au levant font les plus avantageufes à la Vigne, & que la premiere l'eft encore plus que la feconde.

Tout le monde fçait encore qu'en labourant les Vignes en côte, de bas en haut, on attire infenfiblement toute la terre du haut en bas, & que pour réparer le dommage que caufe cette manœuvre, il en coûte beaucoup, & fouvent la Vigne même.

Je confeille donc, à l'égard des Vignes en plaine, d'en diriger les rangées & les rayons de

maniere que si les circonstances locales le permettent, la Vigne soit parfaitement exposée au midi,
ou au moins du levant au midi.

Quant aux Vignes de côteaux, dont la plu-
part regardent le midi ou le levant, je pense que
par économie, & en vue de conserver ces sortes de Vignes, on doit, quelqu'étroites que puissent être les pieces, & de quelque côté qu'elles
soient tournées, au midi ou au nord, établir les
rangées & les rayons en travers, & dans le sens
le plus opposé à leur pente. Je sçais que l'usage
est absolument contraire à ce que je propose;
mais cet usage n'est qu'un grand abus de plus à
réformer. On peut voir au surplus pour ces dernieres especes de Vignes, & pour prévenir le
grand éboulement des terres, ce que j'ai marqué
ci-devant, à la page 54.

CHAPITRE IV.

Du choix du plant & des qualités qu'il doit avoir
pour être bon.

LE meilleur plant, soit bouture ou plant enraciné, est, dit M. Colas, celui qui s'éleve sur
un cep qui porte de beau fruit, & abondamment.
(Quand le bois levé sur un pareil cep n'auroit pas
porté lui-même de fruit, je pense qu'il n'en seroit pas moins bon pour servir de plant, pourvu

qu'il eût d'ailleurs toutes les autres conditions nécessaires , & qu'il fût pris sur le bois de la derniere taille) ; le plus sûr est celui qu'on prend sur une Vigne qui n'est ni trop jeune ni trop fumée , & qui porte de beau fruit. Une année où la vendange est médiocre est la meilleure pour connoître la bonté de la Vigne , car alors la mauvaise Vigne n'a que peu de fruit & mal conditionné ; la bonne Vigne , au contraire , n'en produit que de beau & bien conditionné, & en plus grande quantité.

Pour se rendre plus certain d'avoir de bon plant, huit ou quinze jours avant la vendange, il faut parcourir la vigne d'où on veut le tirer , & marquer tous les ceps dont le fruit paroît bon.

Il est encore tems de la parcourir après la vendange ; alors on examine les queues de raisin qui restent encore au bois. *Si elles sont courtes , dures , épaisses ,* c'est une preuve que le fruit étoit gros & bien nourri , & par conséquent que le cep qui l'a porté est bon.

On observe de lever le plant dans une terre moins bonne que celle où il doit être planté : étant déjà bon par lui-même il y viendra mieux.

Il n'y a point de risques de le planter dans une terre semblable à celle qui l'a produit ; *mais il seroit dangereux de le mettre dans une autre moins bonne , y étant moins bien nourri , il pourroit dégénérer.*

Toutes ces obſervations de M. Colas ſont excellentes, & ſont autant de préceptes dont il eſt de la plus grande importance, quand on le peut, de ne point s'écarter dans la pratique ; je vais y en ajouter quelques-uns de ceux que donne en grand nombre ſur le même ſujet, M. Beguiller, dans le Chapitre où il a approfondi cette matiere.

Les croſſettes, courbes ou chapons, dit cet Auteur, ſe prennent ſur les ceps de la Vigne qui a jetté pluſieurs brins ou fleches. On ne choiſit que les plus beaux brins, les mieux nourris, ceux qui ont l'écorce unie & luiſante, dont le bois eſt ferme, bien mûr, & paroît *d'un verd clair* quand on y fait une entaille avec la ſerpette.....

Toute cette partie, (le choix du plant) eſt comme le fondement & la baſe de tous les Vignobles, & c'eſt néanmoins la partie la plus négligée par les Modernes, qui croyent ſe dédommager du peu de produit d'un cep de Vigne, en multipliant le nombre de plants, & en plantant des croſſettes venues de tous ceps, & de la bonté deſquels on n'a nulle aſſurance. Le grand nombre de ces plants mal choiſis, étant de ſi mince produit, épuiſe bientôt l'héritage, & le fait dépérir dans peu, au point que le propriétaire eſt forcé de l'abandonner, & la Vigne eſt décriée comme un mauvais fond, ou le pays regardé comme peu propre à cette culture. Ce préjugé funeſte le prive d'une de ſes principales richeſſes.....

Il eſt donc intéreſſant, continue M. Beguiller, *de ne pas prendre indifféremment & de toutes ſortes de mains, ces ſortes de plants, bouture ou autre :* il n'eſt cependant preſque aucun propriétaire qui veuille prendre la peine de le choiſir lui-même, ou qui *le ſache faire.*

Une obſervation eſſentielle, (car je le répéte, dit M. Beguiller, tout ceci eſt de la plus grande importance pour former de bons Vignobles) eſt que les anciens ſe gardoient bien d'employer pour bouture la fleche ou la partie ſupérieure du ſarment, parce que c'eſt toujours la partie inférieure qui donne le fruit, & que la fleche trop grêle & mal nourrie (oui, quand elle l'eſt) ne porte jamais, de maniere qu'elle ne peut devenir une tige fertile.

Outre ces documens, M. Béguiller en donne beaucoup d'autres très-intéreſſans ſur la matiere dont il s'agit ; mais comme les principaux ſe rapportent à ceux de M. Colas, je m'en tiens à ce que je viens de citer de ces deux Auteurs. Ce que j'en ai extrait ſuffit pour guider & éclairer dans le choix du plant, enraciné ou non, & pour faire ſentir de quelle conſéquence il eſt d'y donner ſes ſoins.

Faute de ces ſoins, il eſt preſque impoſſible de réuſſir parfaitement, & on s'expoſe à faire, comme il n'arrive que trop souvent , des plantations très-coûteuses en pure perte.

Si on plante dans une même piece des cepages qui mûrissent , & qu'on ait dessein de vendanger dans des temps différens , on les séparera , en mettant chaque espece à part & à des places différentes.

Une attention non moins essentielle , & qui l'est même davantage sur-tout pour les Vignobles , où les Vignes , par la maniere dont on les cultive , ne fournissent ni chevelures , ni marcottes ; seroit de former des pépinieres , soit pour regarnir les jeunes Vignes , soit pour en replanter de nouvelles.

Ces pépinieres seront plantées en rayons, de même que les Vignes à demeure , avec cette différence qu'on pourra ne donner au rayon qu'un demi-pied ou neuf pouces de largeur , & que les plançons , au lieu d'être à deux pieds , seront seulement à cinq ou six pouces l'un de l'autre.

On se servira pour ces pépinieres de talons ou boutures. On entend par boutures , talon , poule ou poulette , les fleches ou sarmens de l'année , qui ont été retranchés par la taille.

Ceux de ces sarmens auxquels on a laissé un peu de vieux bois de l'année précédente ou de deux ans , s'appellent, suivant les lieux, crossettes , chapons , courbes, ou maillots.

Les marcottes à paniers ou à gazon , & les chevelures qui font auffi une efpece de marcottes, fe font en introduifant & en couchant dans des paniers ou gazons, ou fimplement dans la terre, de jeunes brins qu'on en retire , & qu'on déta-che de la mere-fouche dans l'année même qu'ils ont pris racine. C'eft cette efpece de plant que je défigne par le mot générique de farment enraciné.

Les chevolis , chevelées , barbeaux , plants à barbe ou plant enraciné, font de jeunes plants éle-vés en pépiniere. J'eftime qu'on ne peut proprement les regarder comme ceps qu'à l'âge de trois ans. Au-deffous de cet âge , je leur préfere en général le farment enraciné , fur-tout quand il a peu de vieux bois , & que le bois n'eft qu'à trois ou quatre pouces au plus des racines qui en font le plus proches ; ce qui arrivera toujours quand en couchant en terre le farment deftiné à former des chevelures ou marcottes , on ne les taillera qu'à deux ou trois yeux , au lieu de les tailler à cinq ou fix nœuds , comme cela fe pratique fouvent. Ceci mérite la plus grande attention : *voyez* le fixieme principe dans le Chapitre fuivant.

CHAPITRE V.

De la taille de la Vigne.

LA néceſſité de tailler la Vigne, les raiſons pour leſquelles il faut la tailler, les effets généraux qui réſultent de la taille, tout cela eſt ſi connu, que toute diſcuſſion à cet égard ſeroit ſuperflue : tout le monde, eſt d'accord ſur cet objet.

Mais il n'en eſt pas de même ſur le temps de la taille : peut-elle ſe faire avant l'hiver, ou ne doit-on la faire qu'après ? c'eſt une queſtion qui, quoique ſouvent agitée, paroît encore à réſoudre, ſans doute faute d'expériences ſuffiſantes par les perſonnes qui l'ont traitée.

Pour moi, qui en ai fait beaucoup, & *dans toutes ſortes de terres*, je crois pouvoir décider, qu'à l'exception peut-être des bas-fonds & des terres fortement humides par leur nature ou par leur poſition, on peut généralement par-tout tailler la Vigne en automne comme au printemps, ſuivant qu'il eſt plus commode de le faire en l'une ou en l'autre ſaiſon.

Le ſeul inconvénient que j'aye remarqué à la taille d'automne, c'eſt que ſi quelques-uns des

yeux

yeux ont fouffert, ou ont été endommagés pendant
l'hiver, par une caufe ou par une autre, on ne peut
y remédier comme on l'auroit pu au printemps, en
taillant ou plus haut ou fur d'autres brins ; mais
comme cet inconvénient, le feul que je connoiffe,
n'eft point occafionné par la taille, qu'il n'eft que
fortuit, & que communément il n'a lieu que pour
un petit nombre de ceps , je ne penfe pas que
ce foit un motif fuffifant pour rejetter la taille
d'automne, qui doit toujours être préférée à la
taille du printemps , pour les jeunes plantes au-
deffus de deux ans , & pour toutes les Vignes
foibles ou maigres dont on ne peut trop écono-
mifer la sève.

Après avoir défini le temps de la taille , je
vais en établir les principes.

---

*Maniere de tailler la Vigne dans les cinq ou fix
premieres années de la plantation , c'eft à-
dire , jufqu'au temps où on peut regarder la
Vigne comme faite.*

DANS le temps même , ou peu de temps
après que la Vigne fera plantée , on la taillera.
On ne laiffera au jeune plant , tel qu'il foit , (à
moins que ce ne fût des ceps tout formés) que
deux yeux ou coffons au-deffus de terre. On

E

pourra même ne lui en laisser qu'un , si le dernier œil enterré n'est qu'à un pouce ou un pouce & demi de la superficie , vu que cet œil , placé comme on le suppose ici , poussera un bourgeon & non des racines.

La premiere année , c'est-à-dire , *l'année d'après la premiere feuille* , la Vigne aura poussé deux brins. On supprimera le plus élevé, & on taillera à deux yeux sur le plus bas, pourvu toutefois qu'il ait les conditions nécessaires , sans quoi on le retrancheroit , & on tailleroit sur l'autre. Il est très-essentiel de n'établir la taille que sur de bons brins.

Après la deuxieme année , ou autrement dit, à la troisieme commençant , suivant que les ceps auront plus ou moins bien poussé , on les taillera , ou sur deux brins , dont un à deux yeux & l'autre à un , ou seulement sur un brin à deux yeux. Assez rarement fera-t-on bien de tailler les deux brins à deux yeux chacun , à moins qu'on ait planté du plant ou sarment en racine. Au reste, c'est à la vigueur du cep , c'est-à-dire , à la longueur & à la grosseur des pousses de l'année à décider. J'estime qu'à ces deux premieres pousses il sera prudent de ne tailler le jeune plant qu'au printemps.

A la quatrieme année on pourra commencer à tailler à vin comme à bois, mais beaucoup plus

à bois qu'à vin , c'est pourquoi en général je conseille de ne tailler encore que sur deux têtes ou
brins qui seront les plus proches de la tige ; sçavoir,
sur le plus bas à deux yeux , & sur le plus élevé à
trois. Dans ces premieres années , il est de la plus
grande conséquence de tailler la Vigne très-
court, *& plus court même qu'elle ne paroît le demander* , parce qu'il est de fait que dans ce cas
elle pousse d'autant plus en racines qu'elle pousse
moins en branches. Or , comme la force de la
Vigne , ainsi que de tous les végétaux , pro-
vient principalement des racines , il s'ensuit que
le premier objet qu'on doit se proposer avant tout ,
est de faciliter la multiplication & l'allongement
de ces racines. C'est le seul moyen d'établir promp-
tement une Vigne , de lui faire un bon pied ,
& d'en assurer le rapport & la durée. On ne doit
la mettre à vin qu'après avoir satisfait à cette
derniere condition.

Si on s'y conforme exactement, la Vigne à la
cinquieme année , ou autrement dit après la quatrieme feuille , sera très-forte. Alors on pourra
lui laisser trois brins ou têtes taillées chacune à
trois yeux ; ou encore mieux , on taillera les deux
premieres têtes à deux yeux , & la troisieme ,
qui est la plus éloignée de la souche , à cinq ou
six yeux. Moins on donnera de longueur aux
têtes inférieures , & plus la Vigne se maintiendra

baſſe. La deuxieme maniere étant la plus propre à produire cet effet, ne fût-ce que par cette raiſon, on doit la préférer.

Au reſte, (& ceci regarde toutes les Vignes généralement, quel que ſoit leur âge) on doit, dans
l'opération dont il s'agit, avoir égard à la force des
ceps, à la nature du terrein, à celle du cepage,
ſuivant qu'il donne plus ou moins de grappes,
& que ces grappes ſont plus ou moins fortes, à
la maniere dont la Vigne eſt & doit être tenue, à la quantité des engrais qu'on lui donne,
à l'eſpacement des ceps, à ſon âge, au plus ou
moins de fruit qu'elle a rapporté l'année d'auparavant, au temps qu'il a fait. Dans les années humides, les Vignes pouſſent beaucoup de
bois, quoique ſouvent elles ayent peu de force,
comme dans les années très-ſeches elles donnent
peu de bois, quoique quelquefois elles ayent
foncierement beaucoup de vigueur ; d'où il ſuit
que ce n'eſt point ſeulement par l'état apparent de
la Vigne qu'il faut ſe décider, mais encore par la
combinaiſon des circonſtances.

La premiere choſe qu'il y ait donc à faire quand
on veut tailler une Vigne, eſt d'examiner les cas
particuliers où elle ſe trouve, & après cela, l'état
de chaque cep. Cette regle peut ſe regarder
comme le premier principe de la taille : voici
les autres.

A la cinquieme année , ou la sixieme commençant , la Vigne bien conduite , peut être réputée comme Vigne faite , comme Vigne ayant bon pied , quoiqu'elle en puisse prendre encore. En conséquence elle sera taillée de même que toutes les Vignes formées & en bon rapport : deuxieme principe.

La meilleure maniere de tailler la Vigne pour la maintenir en bon état , & en obtenir tous les ans un rapport égal & en même temps très-grand, est en général de tailler une partie des ceps alternativement à bois plus encore qu'à vin , ou autrement dit , plus court que long , & l'autre partie des ceps à vin encore plus qu'à bois , c'est - à - dire , plus long que court : troisieme principe.

Si , au lieu de se conformer aux principes ci-dessus , on jugeoit par une raison ou par une autre , devoir préférer de tailler également tous les ceps à bois & à vin , comme on dit , en certains Vignobles , alors , en supposant que la Vigne soit une Vigne faite & à son dégré de force , on doit la tailler tous les ans de la même maniere, enforte , par exemple , que le cep qui aura été taillé à dix nœuds , le sera pareillement l'année d'après à la même quantité de nœuds , comme celui qui l'aura été à quinze , le sera de même l'année suivante à quinze , & ainsi des

autres, pourvu néanmoins que d'une année à l'autre les circonſtances n'ayent point changées, car
il ne faut jamais perdre de vue le premier principe : celui-ci eſt le quatrieme.

Il eſt d'expérience que de ſix brins ou ſarmens
que donne un long bois taillé à ſix yeux, les deux
& même les trois brins inférieurs ſont beaucoup
moins longs & moins gros que ceux que donnent
deux broches, taillées chacune à trois yeux ; d'où
il ſuit que les grappes étant d'ailleurs auſſi fortes,
c'eſt économiſer la ſéve que de tailler en long
bois plutôt qu'en broches. Toutes les fois donc
qu'un cep paroîtra aſſez vigoureux pour ſupporter trois broches, on doit préférer à l'égard des
eſpeces de cepages qui en ſont ſuſceptibles, (&
tous à la rigueur le ſont) de faire un long bois *de
cinq ou ſix nœuds*, avec une broche taillée à trois
& ſouvent à deux ſur le ſarment *le plus bas*, en
obſervant, & ceci eſt de la plus grande conſéquence pour éviter des mépriſes ruineuſes ; en
obſervant, dis-je, que par ce long bois le cep ne
ſe trouve pas plus chargé en nœuds, que ſi, au
lieu d'une broche & d'un long bois, on l'eût taillé
ſur trois broches ſans long bois. En agir autrement, ce ſeroit prodiguer & épuiſer la ſéve bien
loin de l'économiſer.

Si au lieu de trois broches le cep pouvoit en
ſupporter cinq, on pourroit faire deux broches

dont l'une de trois & la plus baſſe de deux yeux, & en outre deux long bois ou lambourdes de cinq yeux chacun. Si, ce qui eſt encore plus rare que le premier cas, le cep étoit encore plus fort qu'on ne vient de le ſuppoſer, on donneroit trois yeux à chaque broche, & ſix ou ſept au plus à chaque long bois ou lambourde : cinquieme principe.

Un autre avantage du long bois, c'eſt de pouvoir, l'année d'après, être facilement abaiſſé & couché en terre, où, au moyen des racines qu'il commence à faire en Mai ou Juin, il ſuffit, avec le peu de ſéve qu'il tire de la ſouche, pour produire & nourrir dix ou douze bourgeons, dont chacun peut porter une ou deux grappes.

Pour jouir de cet avantage, qui aſſurément eſt très-grand, & qu'on doit regarder, ainſi que nous l'éprouvons dans les bons Vignobles des environs de Paris, comme le premier de tous les moyens *pour mettre à profit la terre de la ſuperficie*, & pour obtenir la plus grande quantité poſſible de vin ; pour jouir, dis-je, de cet avantage, au lieu de retrancher lors de la taille la lambourde ou long bois dont je viens de parler, on la laiſſera ſur le cep, ſi le cep le permet, avec les deux brins qui auront le plus de longueur, (ce ſont ordinairement ceux qui ſont à l'extrémité ſupérieure.) ; on couchera enſuite le

long bois ou lambourde, & les deux brins qu'on
lui aura laiſſés, à la profondeur de quatre ou cinq
pouces, ſuivant la nature de la terre, & on taillera chacun des ſarmens à cinq ou ſix yeux. Si le
long bois portoit ou avoit pouſſé trois beaux brins
ou ſarmens, & qu'on eût deſſein d'en faire du
plant enraciné, ou autrement dit, des chevelures, pour ſoi ou pour revendre, on laiſſera ces
trois brins, & on ne les taillera qu'à trois yeux
au plus chacun, après les avoir couchés; ils en
conviendront beaucoup mieux pour faire du bon
plant de chevelure que s'ils avoient été taillés plus
longs : ſixieme principe.

Il eſt vrai que ſi la longue taille, bien entendue
toutefois, eſt plus favorable pour la quantité, elle
l'eſt un peu moins pour la maturité, étant de
fait que les raiſins que donnent les *longs bois*
& les *chevelures*, quand elles ſont taillées
longues, mûriſſent un peu plus tard que ceux
que donnent les broches taillées à deux ou trois
bourres ou nœuds ; mais comme d'un côté ce retard eſt en général peu conſidérable, & que de
l'autre il eſt, on ne peut pas plus certain, que
ni ce retard, ni la groſſeur des raiſins n'empêchent point qu'en ſe conformant à mes procédés pour la manipulation des vins, le vin ne
puiſſe être auſſi bon & même *beaucoup meilleur*
qu'il ne l'eſt à préſent, je ne penſe pas que ces

considérations doivent empêcher aucun pays de Vignobles quel qu'il soit, de faire usage & de profiter de l'espece de long bois dont il s'agit. Il me semble à moi que la quantité est une chose assez précieuse pour ne pas la sacrifier inconsidérément, & hors le cas de nécessité la plus absolue & la mieux démontrée.

Cependant il s'en faut bien que j'approuve indistinctement toutes sortes de longs bois. Les longs bois, tels qu'on est en usage d'en faire, sous différens noms, & dans une infinité de Vignobles, me paroissent au contraire avoir les plus grands inconvéniens.

Ces inconvéniens consistent, 1°. en ce que les longs bois dont je veux parler, portant, suivant les lieux, depuis dix jusqu'a douze, & quelquefois quatorze nœuds ou bourres, les méprises sont certainement *plus dangereuses* que si ces longs bois n'étoient que de cinq ou six yeux ; 2°. en ce que la vigne étant nécessairement plus élevée, les raisins en mûrissent plus tard quand ils mûrissent ; 3°. en ce que le Vigneron, toujours dirigé par l'habitude du pays bien plus que par la réflexion & la vigueur réelle des ceps, charge de ces longs bois, parce que c'est l'usage, nombre de ceps, qui, comme je l'ai vu dans le Bourbonnois & le pays Messin, n'ont ni la force ni l'âge de les supporter ; 4°. en ce

que ces longs bois étant pliés en anneau, la féve
se porte à peu'près également dans tous les nœuds,
& par conséquent y développe , si elle est assez
abondante , nombre de forts bourgeons dont la
nourriture l'épuise incomparablement plus que
ne feroient des lambourdes de cinq ou six nœuds,
qui n'étant point roulés , mais seulement *al-
longés sur un autre échalas* que celui du cep, ne
produisent à l'extrémité que deux ou trois forts
bourgeons; les trois ou quatre inférieurs étant
naturellement , comme je l'ai déja dit , très-
petits , quoique les grappes soient très-grosses.
5°. Enfin , en ce que ces longs bois devant nécessairement être retranchés , ils ne sont d'aucun
usage ultérieur pour la plus grande production
de la Vigne , à la différence de ceux que je conseille , qui , par les chevelures & le plant qu'ils
produisent l'année d'après , sont également favorables à l'accroissement du revenu du Propriétaire
& à celui de la reproduction.

Cette derniere raison , fût-elle la seule , il
me semble qu'on ne pourroit gueres s'empêcher
d'en conclure que ces longues tailles sont abu-
sives , & par conséquent qu'il faut les supprimer
& les réduire à la proportion que j'ai indiquée :
septieme principe.

A l'égard des Vignobles où , au lieu de tenir
droits ou simplement de courber les longs bois

ou longues tailles dont je viens de parler , l'on eſt dans l'uſage de les coucher en terre , quoique j'eſtime moins cet uſage que celui que j'indique, cependant je penſe qu'on peut le tolérer dans les Vignes aſſez vigoureuſes pour ſupporter des tailles de douze ou quatorze nœuds ; mais dans la vue de conſerver la Vigne baſſe , & de faire des chevelures ou marcottes , je conſeille , 1°. de n'établir ces longues tailles que ſur des brins inutiles au rabaiſſement de la Vigne ; 2°. de coucher ces brins de maniere que , conformément à la concluſion du ſixieme principe , la partie hors de terre n'ait que deux ou au plus trois nœuds. Ces deux ou trois nœuds , avec les trois ou quatre qui ſe trouveront au-deſſus de la partie enterrée , (car aſſez communément dans ce cas , on n'enterre pas le jeune bois juſqu'au vieux) feront une charge ſuffiſante : huitieme principe.

Je dois obſerver que les lambourdes ou longs bois , même ſuivant mes principes , ne doivent être pratiqués que ſur les ceps bien portants & en vigueur ; comme auſſi , que lorſque ces lambourdes pouſſent mal & ne donnent point à leur extrémité de forts brins ou ſarmens , il faut au lieu de les coucher , les retrancher lors de la taille , & ménager beaucoup en outre le cep qui , ſelon toutes les apparences , aura fatigué à les porter ; car c'eſt principalement de l'économie de la taille que dépend la durée de la Vigne & de son rapport. Les Vignerons ne peuvent donc y faire trop d'attention, ni leurs Maîtres la leur trop recommander : neuvieme principe.

Longue tige & vieux bois, ou vieilles branches, deux causes principales & trop communes de la ruine des Vignes, principalement des Vignes hautes & de celles qui sont tenues en treilles ou perches. Il faut donc tenir la Vigne basse de tige, autant que cela se peut, & lui laisser le moins de vieilles branches qu'il est possible. On y parviendra en taillant toujours à bois, c'est-à-dire, très-court sur les brins les plus bas, & en supprimant toutes les branches élevées ou non, qui auront au-dessus de trois ou quatre ans, & souvent même au-dessous, suivant les cas.

Je sçais bien que ce qui arrête le plus souvent le Vigneron, c'est qu'assez communément les sarmens qui se trouvent au faîte du cep sont les plus forts & quelquefois les seuls sur lesquels on puisse espérer du fruit ; mais outre qu'en supposant même ce cas, qui n'arrive pas toujours, il faut sçavoir sacrifier la jouissance d'une année à celle de plusieurs, c'est que le plus généralement, & lorsque le cep a suffisamment de force, il n'y a ni sacrifices ni pertes à faire. Il suffit pour cela de tailler à cinq ou six yeux, plus ou moins, suivant les circonstances, un ou deux des farmens qui feroient à retrancher , c'eft-à-dire , les plus élevés. L'année d'après , (car rarement le pourroit-t-on l'année même) on les couche en terre , en confervant un ou deux des fix bourgeons qu'ils ont pouffés , ainfi qu'il eft dit au fixieme principe , & quand ils ont donné leur fruit on les coupe & on les enleve.

Par ce moyen & l'attention qu'on aura eue de *tailler très-court* fur les brins inférieurs , le cep fe trouvera rabaiffé & en état de produire fans qu'il y ait eu aucune interruption.

Dans les Vignes en treilles , au lieu de coucher , comme on vient de dire , les bourgeons du long bois on les retranchera , & la vieille branche qui les aura produits : dixieme principe.

CHAPITRE VI.

Des fumiers , avec quelques obfervations relatives à la différence des raifins ou cepages.

IL y a tant d'efpeces de raifins ou cepages ; la nature , le choix & la convenance de ces différentes efpeces de raifins avec les différentes fortes de terres ; tous ces objets font ou paroiffent fi intéreffans que j'aurois dû , ce femble , en faire la matiere d'une difcuffion particuliere ; cependant ayant fait réflexion d'un côté, que si ces mauvais plants se multiplient, ce n'est pas qu'on ne connoisse bien les bons ; & de l'autre, que les principes généraux des convenances absolues, s'il y en a, de tel cepage avec tel terrein, n'étoient rien moins que sûrs & bien connus, je n'ai pas cru devoir m'y arrêter. Je dirai seulement qu'à mon avis, il y a beaucoup de terres où les bonnes especes paroissent ne pas pouvoir réussir, & où cependant elles réussiroient en préparant les terres, & en gouvernant les jeunes plants avec plus de soin & des précautions particulieres qu'il est bien rare qu'on observe.

Un des meilleurs moyens qu'on puisse employer quand on l'emploiera à propos, c'est le fumage ; j'ai déja dit qu'en certains cas, il étoit avantageux de fumer en plantant ; hors ce cas, je conseille de fumer la seconde année, soit que la plantation ait été faite en plant enraciné ou non.

Si on fume avant l'hiver, comme cela se pratique & doit se pratiquer dans toutes les terres chaudes & légeres, on laissera le fumier à découvert jusqu'au mois de Février ou au commencement de Mars qu'on le recouvrira de terre.

On fumera encore la quatrieme année, & même davantage qu'à la deuxieme, supposé que la terre ou la Vigne ayent besoin de ce secours, & ce secours dans tous les cas, ne peut qu'être avantageux.

Passé ce second fumage, on ne fumera plus la Vigne si on ne veut, que dans les places qu'il faudra regarnir de ceps, ou dont les ceps par leur maigreur annonceront qu'ils ont besoin d'un nouvel engrais ; deux cas infiniment plus rares dans ma méthode que dans l'usage ordinaire.

Je crois inutile d'avertir qu'il faut que le fumier soit adapté à la qualité de la terre ; cette regle & beaucoup d'autres que je pourrois citer sur l'objet dont il s'agit, sont si connues que je me reprocherois de les rappeller ; c'est pourquoi sans m'y arrêter, je vais dire un mot des labours.

CHAPITRE VII.

Des Labours.

SI les mauvaises herbes sont si nuisibles aux Vignes, lors même qu'elles sont toutes formées, on conçoit qu'elles le font encore bien autrement aux Vignes qui se font ou qui commencent à se faire ; aussi dans ces dernieres Vignes ne peut-on trop multiplier les labours. Dans les autres Vignes, trois & plus souvent quatre labours par années sont suffisans ; mais ici la propreté de la Vigne étant une condition indispensable pour que la plantation réussisse, c'est à cette condition feule à faire la loi & à décider du nombre des labours.

Dans ces Vignes & toutes les autres, on donnera au labour le moins de profondeur qu'il fera poffible, cette profondeur ne fût-elle que de deux pouces, ç'en feroit affez. Dans les premiers temps que j'ai eu mes Vignes, je ne ceffois de quereller mes Vignerons pour qu'ils donnaffent le plus d'épaiffeur poffible à tous leurs labours ; mais ayant reconnu par la fuite l'abus & du moins l'inutilité de cette pratique, j'ai entiérement changé de fyftême. Il eft pourtant vrai de dire que lorfque le premier labour a éte un peu épais, les labours fuivans font plus faciles.

CHAPITRE VIII.

Des Echalas & du temps où il faut lier la Vigne.

SI on m'en croit, au lieu de mutiler fucceffivement & en tous fens les racines, comme on le fait en piquant & en retirant chaque année, les échalas qu'on enfonce au pied de chaque cep, tantôt d'un côté, tantôt d'un autre, on les noircira & brûlera à la fuperficie de l'un de leurs deux bouts, de la longueur de neuf à douze

pouces

pouces, & enfuite on les placera & enfoncera
bien à demeure ; les échalas feront plus fermes &
dureront davantage, les pieds de Vigne s'en
porteront mieux, & il en coûtera moins. Ces
avantages ont déja été faifis par d'habiles Agri-
culteurs, qui en conféquence ont adopté l'ufage
que je communique ici.

Indépendamment de ces échalas à demeure,
on en réfervera un nombre fuffifant pour garnir,
en fon temps, les longs bois & les chevelures dont
j'ai parlé.

A la fin de Mars ou au commencement d'A-
vril on arrêtera le vieux bois à l'échalas, c'eft-à-
dire le cep & les lambourdes, ainfi que les chevelures, fur-tout quand ces dernieres feront taillées long. On fçait dans quel temps il faut
lier le bois verd. Cette opération demande des
attentions que l'ufage doit avoir appris depuis
long-temps à connoître.

CHAPITRE IX.

De l'Ebourgeonnement.

L'ÉBOURGEONNEMENT fe fait affez ordinairement en Mai, & fouvent en Juin. En général
on ne peut le faire trop tôt dans les jeunes plan-

tes , & dans les terres maigres & les Vignes fatiguées.

Tout le monde eſt tellement convaincu de l'importance de cette opération , que je crois inutile d'en démontrer ici la néceſſité. On ſçait également par-tout qu'il eſt avantageux de tenir la Vigne baſſe de tige , & par conſéquent de laiſſer au pied de chaque cep un ou deux des plus forts bourgeons pour rabattre la Vigne ſur ces fauſſes pouſſes , qu'on n'enleve pourtant que trop ſouvent , moins encore par ignorance que par la négligence & la précipitation des perſonnes qu'on emploie à cette façon.

C'eſt en faiſant cette opération qu'on doit pincer ou rogner à une ou plutôt deux feuilles au-deſſus du fruit , les brins inférieurs & foibles des lambourdes & des chevelures à longues tailles. (*Voyez* le commencement du cinquieme principe de la taille.) On feroit encore mieux de faire ce pincement lors du premier lien qu'on donne aux nouveaux bourgeons , ſuppoſé , ce qui doit être , qu'on faſſe ce premier liage avant l'ébourgeonnement.

CHAPITRE X.

De la Rognure.

ROGNER la Vigne c'eſt arrêter ou couper le bout des bourgeons de l'année. Cette façon ſe donne quelque temps après la fleur pour aſſurer une ſéve plus abondante aux fruits qui ſe ſont déclarés, & pour faciliter aux rayons du ſoleil les moyens de mûrir les raiſins ; mais à l'égard des ceps qui pouſſent beaucoup, elle me paroît tout au moins ſuperflue, d'autant qu'en ce cas, elle n'eſt propre qu'à faire naître ſur le brin qui a été pincé, de foibles jets dont on ne peut faire uſage, & qui loin de ſoulager la Vigne, ne font au contraire que l'affoiblir & augmenter ſa charge ; c'eſt pourquoi, à l'égard des pouſſes vigoureuſes dont je viens de parler, je conſeille de ne les rogner qu'à la fin d'Août ou au commencement de Septembre, ſuivant que l'année ſera plus ou moins avancée & plus ou moins ſeche. C'eſt à peu près vers ce temps, & le plus ſouvent au commencement d'Août, qu'on doit édruger la Vigne, c'eſt-à-dire, retrancher les fauſſes pouſſes qui ſont ſorties ſur les brins de l'année.

F 2

CHAPITRE XI.

Des Provins , & de la maniere de provigner.

S'IL étoit de l'homme de sçavoir mettre un frein à son avidité , il se seroit contenté de presser les ceps dans leur rang sans encore les étendre au-delà ; mais la cupidité ne sçait pas se borner. Le Vigneron a vu un espace vuide entre un alignement & un autre , & aussi-tôt , sans combiner les suites de l'opération qu'il alloit faire, & si cet espace étoit, ou non, plus que suffisant à l'aliment & à la conservation des ceps que sa main venoit de planter, il s'est hâté d'y provigner & de forcer à la multiplication , & pour ainsi dire, à la maternité, de jeunes tiges qui ayant à peine trois ou quatre ans, étoient encore bien loin d'être formées elles-mêmes ; mais bientôt après voyant que la terre sembloit rejetter les nouveaux nourrissons dont il avoit surchargé son sein, il entreprit d'y suppléer par des sucs étrangers. Ses efforts ne furent pas sans succès , & l'encouragerent même à braver entiérement la nature ; les premiers ceps multipliés , en multiplierent d'autres, & la terre en fut couverte & l'est encore , comme on le peut voir par-tout,

& dans les Vignobles des environs de Paris encore plus qu'ailleurs. Qu'on les parcoure & on verra que l'art, si l'on peut donner ce nom à des moyens aussi simples, aussi ruineux, & aussi mal employés, y combat sans cesse la nature : on y verra quelques belles Vignes où celle-ci est vaincue ; mais on y en verra beaucoup d'autres où l'art l'est à son tour, & qui n'ont plus rien de cette vigueur & & de cette fertilité précaires que celui-ci sembloit leur avoir donné. Aidons la nature , mais n'espérons pas de la soumettre. Nous le voudrions en vain ; si elle paroît céder pour un temps , bientôt elle nous forcera à céder nous-mêmes à sa résistance. Je ne conseille donc ni la multiplicité, ni la multiplication des ceps. Je n'approuve pas davantage la maniere dont on les multiplie ; j'ai déja dit que dans ma méthode on n'auroit que fort rarement à provigner ou plutôt à regarnir. Lorsque le cas arrivera, après avoir creusé à la place qu'on voudra regarnir, un trou d'une profondeur & d'une largeur suffisantes, on plantera un sarment ou plant enraciné , ou encore mieux , un jeune cep si on en a ; on en étendra bien les racines, on les couvrira d'un peu de terre, ensuite on fumera, on comblera le trou , & on donnera au nouveau plant toutes les façons qu'on sçait être nécessaires.

✻✻✻

F 3

CHAPITRE XII.

De la greffe de la Vigne, du déchauffement des Ceps, & de l'ébarbement des racines.

LA greffe de la Vigne eft une opération fi délicate, fi coûteufe, fi peu pratiquée, & fi peu praticable en grand, & par conféquent d'une fi petite utilité, que je ne crois pas devoir m'y arrêter.

C'eft à-peu-près par la même raifon que je ne parlerai ni du déchauffement de la Vigne, ni de l'ébarbement des racines qui fe trouvent près de la fuperficie de la terre. Ces opérations furabondantes & minutieufes font à mon avis, beaucoup plus recherchées que néceffaires. La culture de la Vigne eft déja affez difpendieufe fans la furcharger encore de façons dont l'utilité eft au moins très-équivoque, à en juger par le raifonnement, & même par le produit des Vignes où elles ne fe pratiquent point. Si par nombre de caufes trop longues à détailler, la couche de terre de la fuperficie eft la meilleure, il femble qu'au lieu d'en bannir les racines, comme on cherche à le faire par la feconde opération que j'attaque, on devroit au contraire, s'efforcer de les y conferver, & c'eft le principal motif pour lequel j'ai confeillé de ne faire que de légers labours. Je n'ignore pas les raifons qu'on donne de l'une & l'autre de ces opérations ; mais elles me paroiffent fi futiles, que je penfe qu'on ne doit y avoir aucun égard.

CHAPITRE XIII.

Des infectes contraires à la Vigne.

IL feroit bien à défirer fans doute qu'on pût délivrer la Vigne des infectes qui la rongent, & qui quelquefois même la ruinent ; mais comme de tous les moyens qu'on a propofés jufques à préfent pour y parvenir, les uns font ridicules, & les autres auffi incertains que petits & impraticables, je ne parlerai ni du mal ni des remedes. Les infectes, ainfi que les autres fléaux qui défolent la Vigne, font & feront toujours quoi qu'on faffe ; & quoi qu'on faffe, on ne pourra jamais s'en garantir. Tout ce qu'on peut faire, & c'eft beaucoup, c'eft de rendre infen-fibles & prefque nuls les efforts des uns, en leur oppofant de puiffantes & nombreufes racines, & de diminuer le ravage des autres, en donnant aux tendres rejettons de la Vigne & aux fruits qu'ils portent, plus de force, plus de féve, plus de vigueur. Il eft d'expérience que plus les Vignes font robuftes, & plus elles font en état de fe défendre contre leurs ennemis; mais pour qu'elles foient robuftes & qu'el'es puiffent fe défendre conftamment, ce n'eft point affez qu'elles foient bien gouvernées ; ce qui leur manque prefque toujours : il faut encore que leurs racines puiffent s'étendre & fe multiplier dans un efpace de terre proportionné à la force qui leur eft néceffaire.

CHAPITRE XIV.

Des Vignes tenues en perchées ou baffes treilles.

Bien des perfonnes féduites par quelques avantages apparens que leur préfentent ces Vignes en perchées, comme elles le font dans l'Auxerrois & ailleurs, regardent la forme de ces fortes de Vignes comme la plus avantageufe. Pour moi, j'y trouve deux grands inconvénients.

Le premier, qui fe rapporte à l'économie de la culture, eft que bien certainement çette forme exige plus d'avances & de main-d'œuvre que la culture ordinaire; d'où il fuit qu'elle eft encore plus difpendieufe que cette culture, & infiniment plus que dans ma méthode.

Le fecond qui fe rapporte à la quantité du produit, eft que ces Vignes ne pouvant être traitées fuivant le fixieme principe de la taille, &, ayant d'ailleurs relativement aux longues tailles & aux vieilles branches, les défauts dont j'ai parlé dans les fept & dixieme principes ; il eft impoffible, en les fuppofant même au dégré d'écartement que j'enfeigne, qu'elles rapportent autant qu'elles pourroient rapporter.

On pourroit peut-être m'oppofer qu'au moins elles ont l'avantage d'être plus expofées à l'air & au foleil ; mais outre que, pour qui voit bien, cet avantage n'eft pas toujours le feul à confidérer, c'eft que de ce côté-là même, ainfi que de tous les autres, ma méthode eft encore plus favorable, & par conféquent à préférer.

CHAPITRE XV.

Des Vignes hautes.

J'Entends par Vignes hautes, non pas les Vignes arbuftives, mais toutes les Vignes indiftinctement qui font foutenues par des échalas dont la hauteur excede celle de quatre pieds & demi. Ces Vignes varient de forme, d'efpace & de hauteur, fuivant les lieux ; mais quelles que foient les raifons qui ont pu les faire adopter, il est certain qu'en général elles sont moins favorables à la maturité, & par conséquent à la bonne qualité du vin, que les Vignes basses de tige. Premier désavantage qui devroit les faire bannir de tous nos Pays de Vignobles.

Ce désavantage, quelque considérable qu'il soit, n'est pas le seul.

1°. Celles de ces Vignes que j'ai vues ne sont point assez écartées, d'où résultent deux grands inconvéniens. Le premier, que les ceps ou rangées de ces Vignes se font ombre & entretiennent au pied de la Vigne une humidité, qui en général ne peut que lui être très-préjudiciable. Le second, que les ceps n'ayant point un espace suffisant pour toute la charge qu'on leur donne, il faut nécessairement qu'ils succombent, & qu'ils soient remplacés, ou par d'autres ceps, ou par des provins : objet continuel de dépenses.

2°. Pour maintenir ces vignes à une hauteur si extraordinaire, il est absolument nécessaire de deux choses l'une, ou que la tige soit fort élevée, ou que la taille soit fort longue ; & ces deux inconvéniens sur lesquels on peut consulter les sept & dixieme principes, se rencontrent effectivement dans les Vignes dont je parle, & s'y rencontrent encore que l'on paroisse avoir assez généralement pour principe de faire

foigneufement des courfons ; comme s'il fuffi-
foit de faire une taille à deux ou trois nœuds, pour
avoir raifon d'en faire une ou deux de douze ou
quatorze.

On me dira peut-être que malgré tout, beaucoup de ces vignes durent bien plus long-temps
que les Vignes pleines ; mais fans nier le fait,
ni examiner ce qu'il en coûte pour entretenir,
réparer & renouveller ces Vignes, cette durée ne
peut prouver, contre les principes que j'ai établis,
que la maniere de tailler dont eft queftion ne
foit point vicieufe : tout ce qu'elle pourroit prouver
c'eft que l'écartement, quoique fouvent incom-
plet, eft fi favorable, que jufqu'à un certain point,
il foutient la Vigne en dépit de la mauvaife culture : elle ne prouve point fur-tout qu'il eft plus
avantageux de ne pas faire de chevelures que d'en
faire, & qu'il y auroit plus de rifque & moins
de fageffe à faire de médiocres longs bois qu'à
en faire qui ne finiffent point. Tous les hommes fenfés & de bonne foi, qu'il me foit permis de le dire, conviendront au contraire, que,
toutes chofes égales d'ailleurs, il eft impoffible
qu'une Vigne baffe de tige & de taille, dépen-
fant moins de féve qu'une Vigne haute, & pardeffus cela taillée long, ne produife & ne fe
foutienne davantage & plus long-temps que cette
derniere ; cette derniere, fût-elle d'ailleurs, ce

qui n'eſt guere poſſible , auſſi bien gouvernée dans ſon genre que l'autre peut l'être dans le ſien. Auſſi de tous les Vignerons que j'ai interrogés , n'en eſt-il aucun qui n'en ſoit revenu à dire pour dernier argument & ſuprême raiſon : » C'eſt la coutume du pays «.

CHAPITRE XVI.

Des Vignes écartées.

QUELQUE AVIDE que ſoit la cupidité , quelques efforts qu'elle faſſe pour multiplier ſes jouiſſances & les biens qui en ſont l'objet, il eſt des circonſtances qui , ſi elles ne l'éclairent pas , lui font au moins violence & la contraignent de céder. De cela ſeul, vient ſans doute, qu'au lieu d'être ſerrées comme elles le ſont dans tout le reſte du Royaume, les Vignes de pluſieurs cantons de nos Provinces Méridionales ſont très-eſpacées , & quelques-unes même à un excès , qui , au premier coup d'œil , ne peut que paroître ridicule.

Je n'entrerai point dans le détail de ces différents eſpacemens , qui d'un lieu à un autre varient ſouvent dans les mêmes eſpeces de terres. Je rechercherai encore moins la raiſon de la différence de ces eſpacemens. Je penſe que les Pays même qui les pratiquent auroient bien de la peine à m'en donner de bonnes, & que je ne puſſe combattre par d'autres ; car ſouvent il y a de bonnes rai-

sons pour faire une chose , & encore de meilleures pour ne la pas faire.

Ce n'est pas que je condamne toute variété.
Que dans les terres grasses & fortement humides,
comme les palus de Bordeaux , on espace la Vigne davantage , & qu'on l'eleve plus haut que
dans les terres seches & légeres comme les graves :
cette diversité d'écartement me paroît dans l'ordre ; mais , je le répete encore , pourquoi cette
diversité dans les mêmes terres ? Pourquoi dans
les mêmes terres les mêmes espaces entre les
rangées , & un autre dans les rangées ? Pourquoi , dans deux Vignobles qui se touchent , les
Vignes sont-elles épaisses ici , & claires là ? Pourquoi dans une terre où on ne veut cultiver que la
Vigne seule , cet espace immense entre une
rangée & une autre ? Pourquoi , au moins , lors-
qu'on plante la Vigne , ne met-on pas les ceps
plus près dans les rangées , puisque la culture
n'en coûteroit pas davantage ? Pourquoi dans des
Pays , dont les Vins sont recherchés , & pourroient l'être encore plus , s'ils étoient bien faits ,
pourquoi ce prodigieux écartement qui ne rapporte rien ? Pourquoi ne pas changer de vue
& de conduite , suivant les circonstances & la
faveur des débouchés ? Pourquoi par négligence,
par préjugé , ou par économie mal entendue ,
perdre une aussi grande étendue de terrein ? Pour-

quoi ces Vignes arbuſtives & hautes , dans
un terrein où la Vigne baſſe cultivée ſuivant mes
principes réuſſiroit mieux ? Pourquoi , dans
une terre , celui-ci , ſage économe , fait-il labourer ſa Vigne à la charrue , & que celui-là la fait
labourer à bras ? Pourquoi dans la même nature de terre , l'un fait-il rayonner ſa Vigne ,
& que l'autre la fait planter à la taravelle ?
Pourquoi ces longues tiges & ces vieilles branches qui appauvriſſent la Vigne & la tuent ?
Pourquoi tout cela & beaucoup d'autres vices
de culture que je ne puis rappeller ici , ſi ce
n'eſt que l'écartement des ceps , tel qu'il ſe pratique , eſt en général auſſi mal vu que leur rapprochement , & que l'un & l'autre ont beſoin
d'être rectifiés ſur des principes plus ſages , mieux
combinés , plus ſûrs , & qui ſoient également
oppoſés aux deux excès ?

CHAPITRE XVII.

Des Vignes rampantes , & de celles qui ſe
ſoutiennent d'elles-mêmes.

C ES Vignes en uſage dans quelques Provinces , ont ſans doute , ſuivant les années, de grands
déſavantages , & perſonne ne les connoît mieux
que ceux qui les cultivent ; cependant il faut

avouer que du côté de l'économie , & par conséquent pour le pauvre cultivateur, elles ont aussi des
avantages bien précieux. C'en seroit un bien important pour tous les Vignobles , & sur-tout pour
quelques-uns , qu'on pût y supprimer l'usage si
ruineux des échalas ; & il est à croire que dans
toutes les situations abritées des grands vents, ou
du moins qui y sont peu exposées , on pourroit
y parvenir & pratiquer la deuxieme espece de
Vigne. J'ai vu, & dans mes Vignes mêmes , plusieurs ceps , sans échalas , dont les rameaux ,
quoique chargés de raisins , se sont très-bien sou-
tenus sur *leur basse & assez forte tige* , sans que
le fruit en ait le moindrement souffert , au moyen
de ce qu'ils étoient fortement réunis par des dou-
bles & triples liens. Que d'expériences encore à
faire , & que d'abus encore à réformer après ceux
que je m'efforce de détruire ! On devroit éprouver
aussi de la premiere espece de Vignes , je veux dire
des Vignes courantes & rampantes. Cette espece de
culture convient particuliérement à toutes les ex-
positions élevées, à celles qui sont le plus en butte à
la fureur des vents, à toutes les terres sablonneuses,
caillouteuses , arides & brûlantes ; & dans quel
Pays de Vignobles n'en pourroit-on pas trouver
de semblables ? En espaçant ces deux sortes de
Vignes , comme je l'ai enseigné ; en les gouvernant en tout point , suivant mes principes ,

à l'exception d'un très-petit nombre , dont la forme de ces Vignes ne permet pas de leur faire l'application , on obtiendroit fûrement avec le temps de très-grands fuccès. Il eft à croire qu'on n'en obtiendroit pas moins , ni de moins intéreffants , en éprouvant la maniere particuliere de planter que j'ai donnée à la page 56 , pour mettre les plus mauvais fonds en valeur. Toutes ces épreuves , qu'on pourroit faire en petit , ne coûteroient rien , & quand elles coûteroient , on en feroit dédommagé par le fuccès, & fans doute par la confidération publique ; car enfin , qui peut y prétendre à plus jufte titre que l'habile Agriculteur , qui agrandit fon art , & par-là devient , fuivant la nature de fes découvertes, le bienfaiteur direct , non de quelques individus , ou même feulement de fon Pays , mais encore de la fociété entiere , en quelques lieux qu'elles foient répandues ?

F I N.

*Extrait des regiſtres de l'Académie royale des
Sciences, du 29 Août 1763.*

MESSIEURS de Juſſieu & Tillet, qui avoient
été nommés pour examiner des Obſervations ſur la
nouvelle maniere de cultiver la Vigne dans tout le
Royaume, avec la comparaiſon des frais des deux
cultures, par M. Maupin, en ayant fait leur rapport, l'Académie a jugé *que le principe, ſur lequel roule
la méthode propoſée par M. Maupin, eſt connu pour certain* (a); *qu'il en a fait une heureuſe application à
la culture de ſes Vignes*; que ſes expériences an-
noncent beaucoup d'intelligence; qu'il ſeroit à ſou-
haiter qu'elles puſſent ſe répéter dans différents Vignobles & dans différentes Provinces, & que l'Académie ne peut trop déſirer que M. Maupin veuille
bien continuer à lui en faire part, ſur-tout en ce
qui concerne la maturité du raiſin & la quantité du
produit, & à l'inſtruire du ſuccès qu'elles auront eu.
En foi de quoi, j'ai ſigné le préſent certificat. A Paris, le
15 Septembre 1763. *Signé* GRAND - JEAN DE FOUCHY,
Sécrétaire perpétuel de l'Académie royale des Sciences.

(a) Ce principe, en effet, eſt connu de tout le monde ;
mais ce qui ne l'étoit de perſonne, c'étoit la juſte application
de ce principe, qu'on pouvoit étendre, ou trop, ou trop peu ;
c'étoit en quoi conſiſtoit la découverte. L'Académie a reconnu cette
découverte en déclarant que j'avois fait une heureuſe application
du principe à la culture de mes Vignes, & l'expérience a ample-
ment juſtifié le jugement de l'Académie.

G

Paris le 7 Décembre 1771.

JE voudrois bien, Monsieur, pouvoir vous donner avec exactitude le détail que vous me demandez sur le produit de la Vigne que je fais cultiver suivant vos principes ; mais depuis quatre ans, obligé de passer à Fontainebleau les mois d'Octobre, je n'ai pu me trouver chez moi dans le temps des vendanges. Je ne puis donc vous communiquer que les observations générales que j'ai faites par moi-même dans les premieres années.

L'ancienne Vigne, qui a été éclaircie en votre présence, est plantée *dans une terre forte, très-froide & très-humide*. La partie éclaircie, qui est juste la moitié de la piece, n'a reçu aucun engrais : l'autre moitié a été fumée assez réguliérement de deux années l'une : la partie claire est située plus favorablement & mieux exposée que l'autre, qui est gênée par l'ombre d'une avenue d'ormes (a).

La récolte de cette partie éclaircie a été constamment, pendant cinq ou six ans, *plus abondante d'un cinquieme que celle de la partie voisine*, où les ceps étoient cependant trois ou quatre fois plus nombreux.

J'ai remarqué que la maturité du raisin étoit plus tardive dans les rayons clairs, quoique mieux exposés à l'air & au soleil (b). (On voit que ce Magistrat ne déguise rien, & que son langage est celui de la vérité la plus

(a) Voyez les détails de cette expérience, pag. 28, & suiv.
(b) Voyez pag. 31.

Intégre). La vigueur des ceps , l'abondance de féve, &
la groffeur des grappes de raifins étoient la caufe de
cet effet fâcheux dans les années tardives & dans les
climats froids comme le mien.

Dans des terreins plus légers & des expofitions chaudes , cet inconvénient ne feroit d'aucune importance ; mais je fuis convaincu *que cette culture infiniment meilleure que celle du Pays* , pourroit encore être
fenfiblement perfectionnée , fur-tout par la taille que
nos Vignerons exécutent en vrais automates , comme
le refte (*a*).

Cette portion de Vigne étoit parfaitement belle , cette
année : je ne l'ai vue que verte , mais elle eft parvenue à une parfaite maturité. On m'a dit qu'en mon
abfence *mes Habitants venoient la voir comme une curiofité.* M. Trochereau feul méritoit de la voir , puifqu'il en reconnoît l'avantage. .... Quant à moi, ayant
occafion de replanter inceffamment des Vignes que j'ai
détruites depuis deux ans , je conferverai certainement
la même méthode.

Je fuis, &c. DE FOURQUEUX.

(*a*) Voyez le Difcours Préliminaire , p. 6.
Au furplus , ce que M. de Fourqueux dit ici de l'impéritie des
Vignerons eft très-vrai ; mais pour que cela ne fût pas , il faudroit qu'ils fuffent inftruits, & peut-être, jufqu'à préfent, n'ont-
ils pu l'être.

Paris, le 11 Décembre 1777.

JE défirerois bien, Monfieur, pouvoir vous donner de nouveaux éclairciffemens fur les produits de la Vigne que je fais cultiver fuivant votre méthode ; mais les occupations multipliées qui, depuis plufieurs années, prennent tout mon temps, ne m'ont pas permis de donner à cet objet une attention fuivie. Les récoltes étant faites tous les ans en mon abfence, on a négligé de diftinguer les quantités de vin produites par l'une ou l'autre partie. Les dernieres années ont été en général mauvaifes & peu abondantes, & fur-tout la derniere. Tout ce que je puis vous dire, c'eft que la même culture a été continuée affez mal peut-être, attendu la mal-adreffe & la routine des Vignerons ; que la piece de Vigne mi-partie des deux cultures eft vieille & commence à dépérir, mais également dans fes deux parties. Au furplus, ayant eu occafion d'en replanter quelques pieces l'année derniere dans un terrein meilleur, j'ai donné ordre qu'*elles fuffent plantées & cultivées fuivant votre méthode.*

Je fuis, &c. DE FOURQUEUX.

TABLE

DES CHAPITRES

CONTENUS DANS CE VOLUME.

Fin de la Table.

APPROBATION.

J'AI lu, par ordre de Monseigneur le Garde des Sceaux, un Manuscrit qui a pour titre ; *l'Art de la Vigne, contenant une nouvelle méthode de cultiver la Vigne* : il ne contient rien qui doive en empêcher l'impression.

Fait à Paris, ce 6 Septembre 1778.

LEBEGUE DE PRESLE.

PRIVILEGE DU ROI.

LOUIS, PAR LA GRACE DE DIEU, ROI DE FRANCE ET DE NA-VARRE, A nos amés & féaux Conseillers, les Gens tenans nos Cours de Parlement, Maîtres des Requêtes ordinaires de notre Hôtel, Grand Conseil, Prévôt de Paris, Baillifs, Sénéchaux, leurs Lieutenans Civils, & autres nos Justiciers qu'il appartiendra : SALUT, notre amé le sieur • • • • • • , , Nous a fait exposer qu'il désireroit faire imprimer & donner au Public, *l'Art de la Vigne, contenant une nouvelle méthode de cultiver la Vigne* ; s'il Nous plaisoit lui accorder nos Lettres de Permission pour ce nécessaires. A CES CAUSES, voulant favorablement traiter l'Exposant, Nous lui avons permis & permettons par ces Présentes, de faire imprimer ledit ouvrage autant de fois que bon lui semblera, & de le faire vendre & débiter par tout notre Royaume, pendant le temps de six années consécutives, à compter du jour de la date des Présentes. FAISONS défenses à tous Imprimeurs, Libraires & autres personnes, de quelque qualité & condition qu'elles soient, d'en introduire d'impression étrangere dans aucun lieu de notre obéissance : A LA CHARGE que ces Présentes seront enregistrées tout au long sur le Registre de la Communauté des Imprimeurs & Libraires de Paris, dans trois mois de la date d'icelles : que l'impression dudit ouvrage sera faite dans notre Royaume & non ailleurs, en bon papier & beaux caracteres, que l'Impétrant se conformera en tout aux Réglemens de la Librairie, & notamment à celui du 10 Avril mil sept cent vingt-cinq, à peine de déchéance de la présente Permission ; qu'avant de l'exposer en vente, le manuscrit qui aura servi de copie à l'impression dudit ouvrage, sera remis dans le même état où l'approbation y aura été donnée, ès mains de notre très-cher & féal Chevalier Garde des Sceaux de France le Sieur HUE DE MIROMÉNIL ; qu'il en sera ensuite remis deux exemplaires dans notre Bibliotheque publique, un dans celle de notre Château du Louvre, un dans celle de notre très-cher & féal Chevalier Chancelier de France le Sieur DE MAUPEOU, & un dans celle dudit sieur DE MIROMÉNIL. Le tout à peine de nullité des Présentes : DU CONTENU desquelles vous MANDONS & enjoignons de faire jouir ledit Exposant, & ses ayans causes, pleine-

ment & paisiblement, sans souffrir qu'il leur soit fait aucun trouble
ou empêchement. VOULONS qu'à la copie des Présentes, qui sera
imprimée tout au long , au commencement ou à la fin dudit ouvrage,
foi soit ajoutée comme à l'original. COMMANDONS au premier notre
Huissier ou Sergent sur ce requis, de faire pour l'exécution d'icelles,
tous actes requis & nécessaires, sans demander autre permission ,
& nonobstant clameur de haro, charte normande, & lettres à ce contraires. Car tel est notre plaisir. Donné à Versailles, le seizieme jour du
mois de Décembre , l'an mil sept cent soixante-dix-huit , & de notre
Regne le cinquieme.

PAR LE ROI EN SON CONSEIL.

L E B E G U E.

*Regiſtré ſur le Regiſtre XXI de la Chambre Royale & Syndicale
des Libraires & Imprimeurs de Paris, nº. 1540, fol. 65, conformément aux diſpoſitions énoncées dans la préſente Permiſſion , & à la
charge de remettre à ladite Chambre les huit exemplaires preſcrits
par l'article CVIII du Réglement de 1723. A Paris, ce 12 Janvier
1779.*

G O G U E', Adjoint.